图解电冰箱、空调器维修技术

主　编　韩雪涛

副主编　吴　瑛　韩广兴

金盾出版社

内 容 提 要

本书从电冰箱和空调器的结构特点入手,通过对典型样机的分步拆解、电路分析以及实测、实修,全面系统地介绍了不同类型电冰箱和空调器的结构、工作原理与检修技能。

本书形式新颖,内容丰富,图文并茂,讲解透彻,可作为中等职业技术院校的教材和行业的技能培训教程,适合于从事电冰箱和空调器的生产、销售、维修工作的技术人员阅读,也可供广大电气爱好者阅读。

图书在版编目(CIP)数据

图解电冰箱、空调器维修技术/韩雪涛主编 . — 北京 : 金盾出版社,2016.1
ISBN 978-7-5186-0591-0

Ⅰ.①图… Ⅱ.①韩… Ⅲ.①冰箱—维修—图解②空气调节器—维修—图解 Ⅳ.
①TM925.210.7-64②TM925.120.7-64

中国版本图书馆 CIP 数据核字(2015)第 251755 号

金盾出版社出版、总发行

北京太平路 5 号(地铁万寿路站往南)
邮政编码:100036 电话:68214039 83219215
传真:68276683 网址:www.jdcbs.cn
封面印刷:北京盛世双龙印刷有限公司
正文印刷:双峰印刷装订有限公司
装订:双峰印刷装订有限公司
各地新华书店经销

开本:787×1092 1/16 印张:15 字数:346 千字
2016 年 1 月第 1 版第 1 次印刷
印数:1~4 000 册 定价:48.00 元

前 言

随着科技的进步和制造技术的提升，人们的日常生活逐渐进入电气化时代。特别是电冰箱和空调器，无论是品种还是产品数量，都得到了迅速的发展和普及，已经在人们生活中占据了重要的位置，为人们的生活提供了极大的便利。

近些年，新技术、新器件、新工艺的采用，加剧了各种电冰箱和空调器产品的更新换代。电冰箱和空调器的市场拥有量逐年攀升，各种品牌、型号的电冰箱和空调器不断涌现，功能也越来越完善。这些变化极大地带动了整个制冷维修行业的发展，提供了更多的就业机会。

强烈的市场需求极大地带动了维修服务和技术培训市场。然而面对种类繁多的电冰箱和空调器复杂的电路结构，如何能够在短时间内掌握维修技能成为从事制冷维修人员需要面临的重大问题。

本书为应对目前知识技能更新变化快的特点，在编写内容和编写形式上做了较大的调整和突破。首先从样机的选取上，我们对目前市场上销售的电冰箱和空调器产品进行了全面的筛选，按照产品类型选取典型演示样机，从对典型样机的实拆、实测、实修，全面系统地介绍了不同类型电冰箱和空调器的结构特点、工作原理以及专业的检测维修技能。结合实际电路，增添了很多不同机型电路的分析和检修解析。

本书最大的特点是强调技能学习的实用性、便捷性和时效性。在对电冰箱和空调器维修知识的讲解上，摒弃了冗长繁琐的文字罗列，内容以"实用"、"够用"为原则。所有的操作技能均结合图解的演示效果呈现。

为了达到良好的学习效果，图书在表现形式方面更加多样。知识技能根据其技术难度和特色，选择恰当的体现方式，同时将"图解"、"图表"和"图注"等多种表现形式融入到知识技能的讲解中，使其更加生动、形象。

在内容选取上，本书对电冰箱、空调器维修应用的知识和技能进行了充分的准备和认真的筛选。尽可能以目前社会上的岗位需求作为本书培训的目标。力求能够让读者从书中学到实用、有用的东西。因此本书中所选取的内容均来源于实际的工作。这样，读者从书中可以直接学习工作中的实际案例，针对性强，确保学习完本书即能应对实际工作。

在编写力量上，本书依托数码维修工程师鉴定指导中心组织编写，参编人员均参与过国家职业资格标准及数码维修工程师认证资格的制定和试题库的开发等工作，对电工电子的相关行业标准非常熟悉，并且在图书编写方面有非常丰富的经验。此外本书的编写还吸纳了行业各领域的专家技师参与，确保本书的正确性和权威性，兼具知识讲述、技能传授和资料查询的多重功能。

本书由韩雪涛任主编，韩广兴、吴瑛任副主编，其他参编人员有梁明、宋明芳、张丽梅、王丹、王露君、张湘萍、韩雪冬、吴玮、唐秀鸯、吴鹏飞、高瑞征、吴惠英、王新霞、周洋、周文静等。

　　为了更好地满足读者的要求，达到最佳的学习效果，除可获得免费的专业技术咨询外，每本书都附赠价值 50 元的学习卡。读者可凭借此卡登录数码维修工程师官方网站（www.chinadse.org）获得超值技术服务。网站提供有最新的行业信息，大量的视频教学资源，图纸手册等学习资料以及技术论坛。用户凭借学习卡可随时了解最新的电子电气领域的业界动态，实现远程在线视频学习，下载需要的图纸、技术手册等学习资料。此外，读者还可通过网站的技术交流平台进行技术的交流咨询。

　　由于技术的发展迅速，产品的更新换代速度快，为方便读者学习，我们还另外制作有相关的 VCD 系列教学光盘，如有需要可通过以下方式与我们联系购买。

　　网址：http://www.chinadse.org

　　联系电话：022-83718162/83715667/13114807267

　　E-Mail:chinadse@163.com

　　联系地址：天津市南开区榕苑路 4 号天发科技园 8-1-401

　　邮编：300384

编　者

目 录

第 4 章　新型电冰箱、空调器的故障检修分析

第 5 章　新型电冰箱、空调器的检修工艺技能

第 6 章　新型电冰箱主要电器部件的检测与代换

第 7 章　新型空调器主要电器部件的检测与代换

第 8 章　新型电冰箱电路系统的故障检修

第 9 章　新型空调器电路系统的故障检修

第 1 章

新型电冰箱的结构和工作原理

1.1　新型电冰箱的结构

1.1.1　新型电冰箱的整机结构

电冰箱是一种带有制冷装置的储藏柜，它可对放入的食物、饮料或其他物品进行冷藏或冷冻，延长食物的保存期限，或对食物及其他物品进行降温。

1. 新型电冰箱的外部特征

图 1-1 所示为新型电冰箱的外部结构。在电冰箱的正面可以看到箱门和操作显示面板，

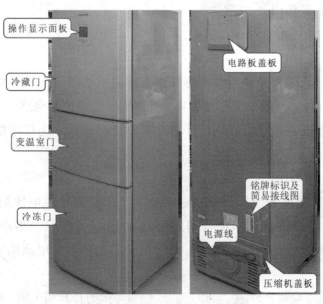

图 1-1　新型电冰箱的外部结构

在电冰箱的背面可以看到电路板盖板、压缩机盖板、电源线以及铭牌标识、电冰箱简易接线图等。

【要点提示】

在电冰箱背部可找到铭牌标识和简易接线图。

将电冰箱的箱门打开，可看到电冰箱的各个箱室，如图1-2所示。在箱室中可以看到搁物架、抽屉等支撑部分，在箱门内侧可以看到各种样式的储物架。

搁物架　冷藏室门封
冷藏室　储物架
抽屉
抽屉
变温室　变温室门封
抽屉
冷冻室　冷冻室门封

图1-2 新型电冰箱的箱室内部

2. 新型电冰箱的内部结构

图1-3所示为典型电冰箱的内部结构和主要部件。

（1）温度传感器

在新型电冰箱中通常采用多个温度传感器作为感温或检测器件。温度传感器实际上是一种热敏电阻器，可将感测的温度信号转换为电信号，送至控制电路中，再由控制电路对变频电冰箱的工作状态或箱室温度进行自动控制。图1-4所示为电冰箱中温度传感器的安装位置。

（2）化霜定时器

化霜定时器是电冰箱进行化霜工作的主要部件，一般安装在电冰箱冷藏室的箱壁上（化霜定时器固定在冷藏室背部护盖的内侧），如图1-5所示。用户设定好化霜的间隔时间，化霜定时器便会每隔一段时间自动控制化霜加热器对电冰箱进行化霜工作。

（3）门开关

电冰箱的门开关通常安装在冷藏室内，它通过检测箱门的打开和关闭，对照明灯和风扇

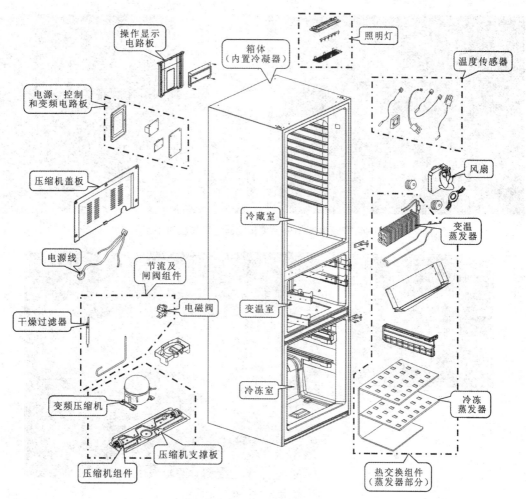

图1-3 典型电冰箱的内部结构和主要部件

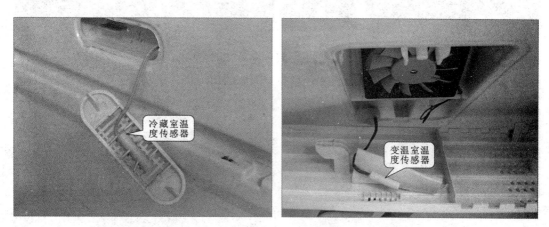

图1-4 变频电冰箱中温度传感器的安装位置

的工作状态进行控制，图1-6所示为典型变频电冰箱的门开关。不同电冰箱的设计风格不同，其门开关的样式也多种多样。

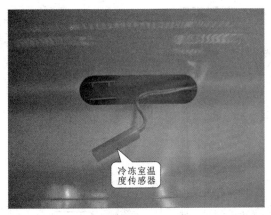
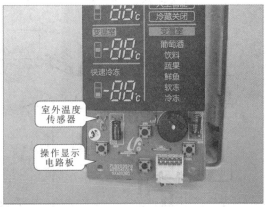

图 1-4 变频电冰箱中温度传感器的安装位置（续）

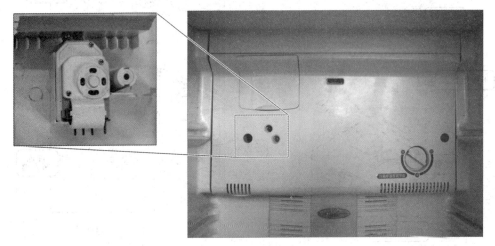

图 1-5 电冰箱的化霜定时器

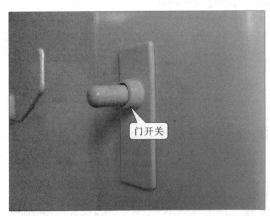
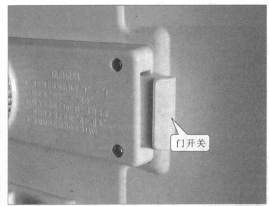

图 1-6 电冰箱的门开关

（4）照明灯

打开电冰箱的冷藏室箱门，箱室内的照明灯便会点亮，方便用户拿取或放置食物等物品。变频电冰箱的设计风格不同，其照明灯的安装位置和数量也不同。图 1-7 所示为电冰箱的照明灯。

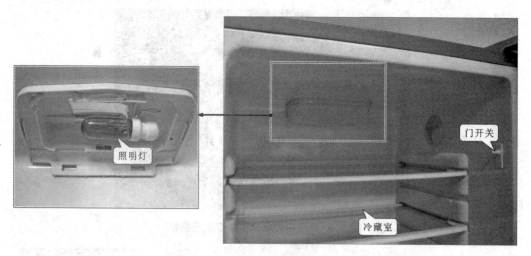

图1-7 电冰箱的照明灯

（5）风扇

风扇是采用风冷式制冷系统中的重要部件，它通常安装在蒸发器附近，通过强制空气对流的方式，加速箱室内的冷气循环。图1-8所示为典型电冰箱中的风扇。

图1-8 电冰箱的风扇

（6）压缩机

压缩机是电冰箱的关键部件，它通常安装在电冰箱底部，如图1-9所示。目前新型电冰箱多采用变频压缩机，变频压缩机通过吸气口和排气口与制冷管路相连，在变频电路的控制下，对制冷剂进行压缩，为变频电冰箱的制冷循环提供动力。

（7）电磁阀

新型电冰箱通常采用电磁阀对流经各箱室的制冷剂进行控制，从而实现对不同箱室不同制冷温度的控制。电磁阀位于压缩机旁边，有多根管口与制冷管路相连，如图1-10所示。

图 1-9 典型变频电冰箱的变频压缩机

图 1-10 新型电冰箱的电磁阀

(8) 保护继电器

保护继电器安装在压缩机的接线端子附近，紧紧贴在压缩机外壳上，时刻对压缩机的温度进行检测，图 1-11 所示为电冰箱的保护继电器。

(9) 蒸发器

蒸发器是电冰箱中重要的热交换部件，制冷剂在流过蒸发器时，吸收箱室内空气的热量，使箱室内温度降低。蒸发器一般由锌铝复合板或印制复合板吹胀而成，这种蒸发器的传热性能好，常用于冷藏室中。图 1-12 所示为典型变频电冰箱的蒸发器。

【信息扩展】

图 1-13 所示为其他两种蒸发器外形。这两种蒸发器的管路弯制成 U 型，然后焊接或粘在整块铝板或钢丝网上。

(10) 冷凝器

冷凝器是电冰箱中另一种热交换部件。直接安装在电冰箱的背部时，称为外露式冷凝器；安置在电冰箱的箱体内部的称为内藏式冷凝器。压缩机送出的高温高压的制冷剂在通过冷凝

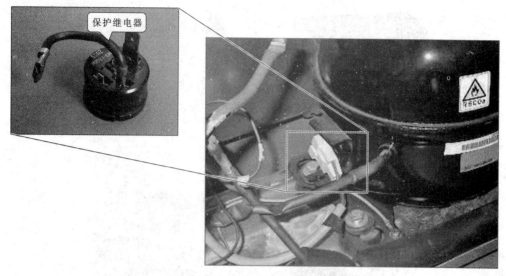

图1-11 电冰箱的保护继电器

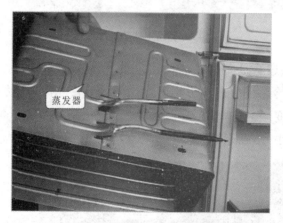

图1-12 电冰箱的蒸发器

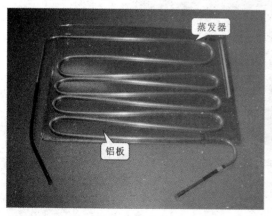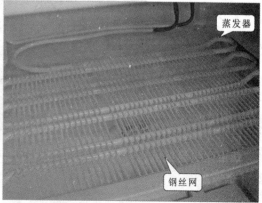

图1-13 其他样式的蒸发器

器时,与周围空气进行热交换,使制冷剂温度降低,其作用与蒸发器正好相反。冷凝器与蒸发器相配合实现电冰箱与外界热交换的目的,如图1-14所示。

图 1-14 新型电冰箱的冷凝器

(11) 毛细管和干燥过滤器

毛细管是电冰箱制冷系统中的节流降压部件,高压制冷剂液体流经毛细管时会受到较大的阻力,致使制冷流速变慢,压力降低。而干燥过滤器用来滤除制冷剂中的杂质和水分,以免毛细管出现堵塞。图 1-15 所示为典型电冰箱的毛细管和干燥过滤器。

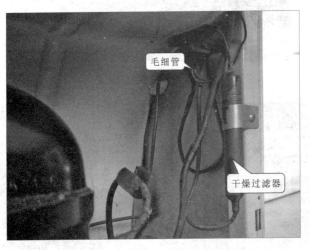

图 1-15 电冰箱的毛细管和干燥过滤器

1.1.2 新型电冰箱的电路结构

图 1-16 所示为普通电冰箱的电路结构,主要由压缩机启动装置、保护装置、温度控制器、照明灯、门开关及其他部件构成。

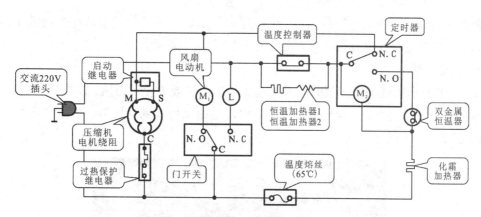

图 1-16 普通电冰箱的电路结构

　　工作时，交流 220 V 电压通过启动继电器线圈、压缩机运行绕组 CM 及过热保护继电器形成回路，产生 6～10 A 的大电流，启动继电器衔铁吸合（吸合电流为 2.5 A），带动其常开触点接通，压缩机启动绕组 CS 产生电流，形成磁场，从而驱动转子旋转。压缩机转速提高后，在反电动势作用下，电路中电流下降，当下降到不足以吸合衔铁时（释放电流为 1.9A），启动继电器的常开触点断开，启动绕组停止工作，电流降到额定电流（1 A 左右），压缩机正常运转。

　　当压缩机内电动机过流或压缩机壳体温度过高时，过热保护继电器触点会从常闭状态自动转入断开状态，切断压缩机供电，使压缩机停止工作，从而起到保护作用。

　　目前，新型电冰箱多为变频控制（即变频电冰箱），其控制功能更加智能，电路结构也越来越复杂。通常，根据电路的功能划分，新型电冰箱的电路可以分为操作显示电路、电源电路、控制电路和变频电路四部分。

1. 操作显示电路

　　图 1-17 所示为变频电冰箱的操作显示电路。用户可通过操作显示电路上的按键对变频

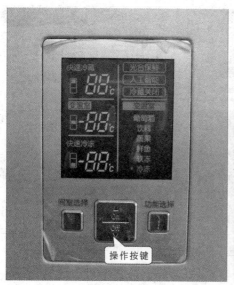

图 1-17 变频电冰箱的操作显示电路

电冰箱的制冷温度、模式等进行调节，也可通过显示屏了解到变频电冰箱当前的工作状态。在操作显示电路上可找到微动开关、数码显示屏、蜂鸣器等元件。

2. 电源电路

图 1-18 所示为变频电冰箱的电源电路。该电路主要为控制电路、操作显示电路以及变频电冰箱的主要部件提供工作电压。通常在电源电路上可找到变压器、互感滤波器、电解电容、整流二极管、熔断器等元件。

图 1-18 变频电冰箱的电源电路

3. 控制电路

图 1-19 所示为变频电冰箱的控制电路。电冰箱的控制电路和电源电路制作在一块电路

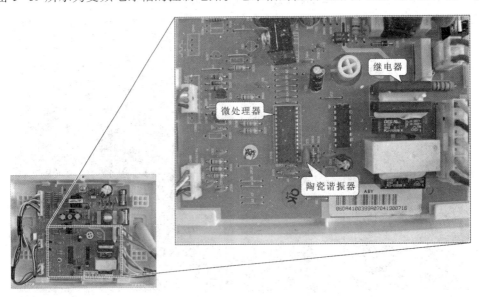

图 1-19 变频电冰箱的控制电路

板上，控制电路是变频电冰箱的核心，它通过检测箱室温度来对电冰箱的整机工作进行控制。通常在控制电路上可找到微处理器、陶瓷谐振器、继电器、电容器和电阻器等元件。

4. 变频电路

图1-20所示为变频电冰箱的变频电路。变频电路用来驱动变频压缩机工作，是变频电冰箱的重要组成部分。图中所示变频电路主要是由变频电源电路、集成电路以及功率模块等组成。

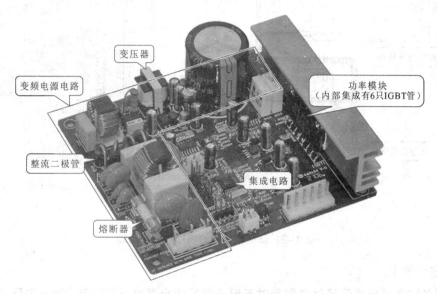

图1-20　变频电冰箱的变频电路

1.2　新型电冰箱的工作原理

1.2.1　新型电冰箱的制冷原理

新型电冰箱主要通过制冷剂循环，实现电冰箱与外界的热交换，再通过冷气循环加速电冰箱的制冷效率。

1. 制冷剂循环原理

众所周知，液体受热后会变成蒸汽，蒸汽冷却后又会变成液体。在这个过程中，液体变成气体会吸收热量，而气体变成液体会放出热量，变频电冰箱就是利用制冷剂的状态变化过程中热量的转移，从而实现电冰箱的制冷过程。

图1-21所示为新型电冰箱的制冷剂循环原理。压缩机工作后，首先将内部制冷剂压缩成为高温高压的过热蒸汽，然后从压缩机的排气口排出，最后进入冷凝器。制冷剂通过冷凝器将热量散发给周围的空气，使得制冷剂由高温高压的过热蒸汽冷凝为常温高压的液体，然后经干燥过滤器后进入毛细管。制冷剂在毛细管中被节流降压为低温低压的制冷剂液体后，

进入蒸发器。在蒸发器中，低温低压的制冷剂液体吸收箱室内的热量而汽化为饱和气体，这就达到了吸热制冷的目的。最后，低温低压的制冷剂气体经压缩机吸气口进入压缩机，开始下一次循环。

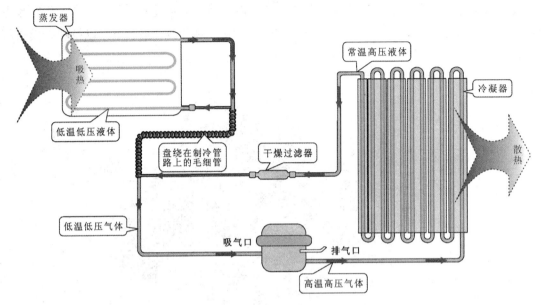

图 1-21 新型电冰箱的制冷剂循环原理

【信息扩展】

多温多控变频电冰箱通过电磁阀对不同箱室的制冷温度进行控制，控制电路通过温度传感器对不同箱室的温度进行检测，根据温度检测信号控制电磁阀的工作。该控制方式可减少能耗，实现变频电冰箱不同箱室的温度需求。

图 1-22 所示为典型双温双控变频电冰箱的制冷剂循环原理。电冰箱的冷冻室和冷藏室

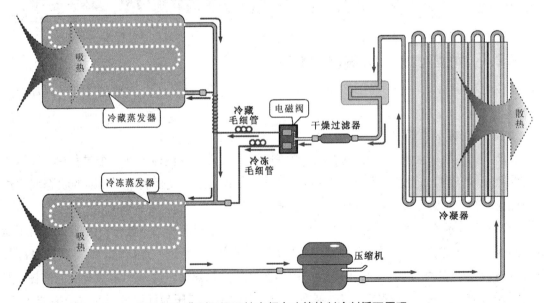

图 1-22 典型双温双控变频电冰箱的制冷剂循环原理

的制冷循环可同时进行，当冷藏室的温度达到设定温度时，冷藏室制冷循环停止，冷冻室的制冷工作继续进行。

在电磁阀的控制下，制冷剂可流经冷藏毛细管、冷藏蒸发器、冷冻蒸发器形成循环，冷藏、冷冻室同时制冷。此外，制冷剂也可以只经过冷冻毛细管和冷冻蒸发器形成循环，只有冷冻室制冷。

2. 冷气循环原理

新型电冰箱箱室内通过加快空气流动或自然对流的方式，使空气形成循环来提高制冷效果。这种冷气循环方式通常可分为冷气强制循环、冷气自然对流以及冷气强制循环和自然对流混合三种。

（1）冷气强制循环的工作原理

冷气强制循环方式主要应用于双开门变频电冰箱中，是依靠风扇强制空气对流的循环方式，如图1-23所示。电冰箱的蒸发器集中放置在一个专门的制冷区域内，如冷冻室与冷藏室之间的夹层中或冷冻室和箱体之间的夹层中，然后依靠风扇强制吹风的方式使冷气在电冰箱内循环，从而提高制冷效果。

从图1-23中可以看到，空气被蒸发器冷却后由风扇吹进管道，再由管道进入冷冻室和

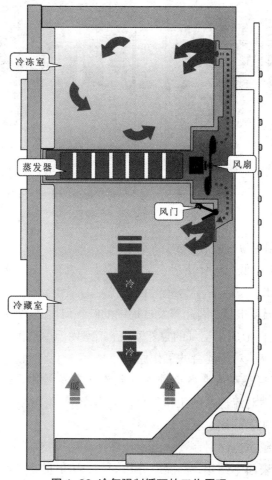

图1-23 冷气强制循环的工作原理

冷藏室。其中，吹入冷冻室的冷气由位于冷冻室背部上方的出风口直接吹进冷冻室进行制冷，而送往冷藏室的冷气需要经过风门（手动调节挡板，也称挡气隔膜）才能进入冷藏室。通常，冷藏室的温度除了用温度传感器检测并自动调节外，还可以通过手动调节风门来调整冷气的进入量。

图1-24所示为风门调整控制示意图。当风门调整至最小状态，风门便会阻挡进入冷藏室的冷气量。冷藏室的温度缓慢降低，当冷藏室的温度达到设定温度时，压缩机便会停止工作。

当风门调整到最大状态（全开）时，大量的冷气会迅速地进入到冷藏室中，冷藏室的温度迅速降低，当达到设定温度时，压缩机停止工作，直到需要再次制冷时，压缩机才会再次启动，如此循环，使冷藏室维持在基本的冷藏状态。

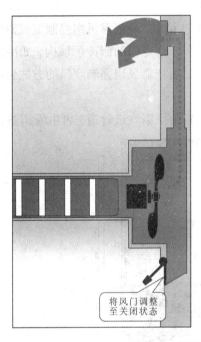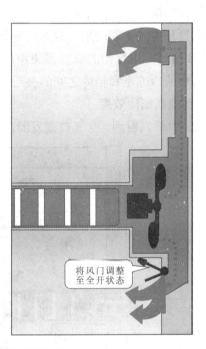

将风门调整至全开状态

将风门调整至关闭状态

图1-24 风门调整控制示意图

（2）冷气自然对流的工作原理

众所周知，受重力影响，低温气体下沉，高温气体上升，有些电冰箱正是利用了这一气流自然规律实现冷气循环。图1-25所示为冷气自然对流的工作原理，在冷冻室和冷藏室内各设有一个蒸发器，蒸发器温度很低，因此蒸发器周围的空气温度逐渐降低，这时，低温气体下沉，高温气体上升，箱室内便形成了空气的自然对流，箱室内温度逐渐降低，达到制冷的目的。

（3）冷气强制循环与自然对流混合的工作原理

采用冷气强制循环与自然对流混合这种冷气循环方式多应用于多门电冰箱中，图1-26所示为冷气强制循环与自然对流混合的工作原理。通常冷藏室一般采用冷气自然对流降温方式，冷冻室则采用冷气强制循环降温方式。

当冷冻室制冷时，冷藏室也同时制冷，由于冷冻室采用间冷式制冷方式，化霜采用电加热方式进行，使得冷冻室表面不结霜，且温度分布均匀，易于食物长期保存。而冷藏室采用直冷方式，即在冷藏室的上方安装有直冷式蒸发器，通过空气的自然对流来达到换热制冷的效果。这使得冷藏室的食物冷却速度较快，保温性能也比较好，同时也可以有效地降低电冰箱的能源消耗。

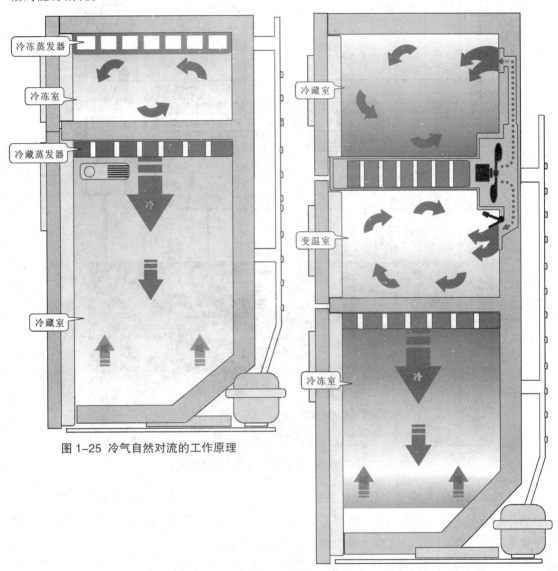

图 1-25 冷气自然对流的工作原理

图 1-26 冷气强制循环与自然对流混合的工作原理

【要点提示】

　　冷藏室空气在风扇的带动下与蒸发器周围空气形成循环。变温室空气在风扇的带动下与蒸发器周围空气形成循环。风扇将蒸发器周围的冷空气吹到箱室中。蒸发器周围的空气温度逐渐降低，这些气体便会下沉，高温气体上升，箱室内便形成了冷、暖空气的自然对流。

1.2.2 新型电冰箱的工作过程

　　新型电冰箱多采用微处理器进行控制，其工作流程如图 1-27 所示。

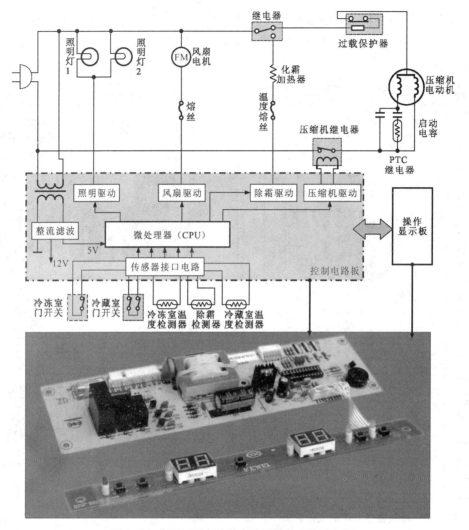

图 1-27 典型新型电冰箱电路系统的工作流程图

微处理器（CPU）是一个具有很多引脚的大规模集成电路，其主要特点是可以接收人工指令和传感信息，遵循预先编制的程序自动进行工作。CPU 具有分析和判断能力，由于它的工作犹如人的大脑，因而又被称为微电脑，简称微处理器。

冷藏室和冷冻室的温度检测信息随时送给微处理器，人工操作指令经操作显示电路也送给微处理器，微处理器收到这些信息后，便可对继电器、风扇电动机、除霜加热器、照明灯等进行自动控制。

电冰箱室内设置的温度检测器（温度传感器）将温度的变化转换成电信号送到微处理器的传感信号输入端，当电冰箱内的温度达到预定的温度时电路便会自动进行控制。

微处理器对继电器、电动机、照明灯等元件的控制需要有接口电路或转换电路。接口电路将微处理器输出的控制信号转换成控制各种器件的电压或电流。

操作电路是人工指令的输入电路，通过这个电路，用户可以对电冰箱的工作状态进行设置。例如温度设置，化霜方式等均可由用户进行设置。

目前，很多电冰箱采用变频技术，这种变频电冰箱增设了变频电路模块，如图1-28所示。

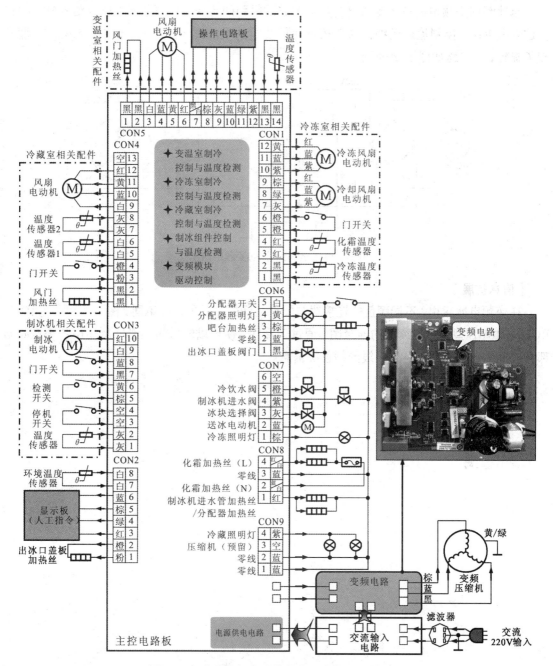

图1-28 典型变频电冰箱电路系统的工作流程图

交流220 V经过滤波器送入电冰箱的交流输入电路中，由交流输入电路分别为变频电路和电源供电电路供电，维持电冰箱的工作状态。

工作时，用户通过电路板为主控电路输入人工指令，主控电路中的微处理器接收到指令后，除了对变温室、冷藏室的风扇电动机、风门加热丝等发出工作指令外，还将工作指令输入到变频模块中，对变频驱动电路发出控制信号并驱动变频压缩机工作。

【要点提示】

　　电冰箱的变频电路是将电源电路整流滤波后得到的约 300 V 的直流电压送给 6 只 IGBT，由这 6 只 IGBT 控制流过压缩机内三相电动机绕组的电流方向和顺序，形成旋转磁场，驱动转子旋转，其电路如图 1-29 所示。

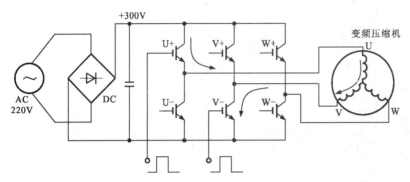

图 1-29　变频电冰箱的变频电路图

【信息扩展】

　　在变频电冰箱中，不同颜色的连接线与配件之间的关系也存在不同，图 1-30 所示为海尔 BCD—316WS 型变频电冰箱的连接图，通过连接图，便可以轻松的搞清电冰箱中各个电路与部件之间的连接关系以及连接线的颜色等信息。

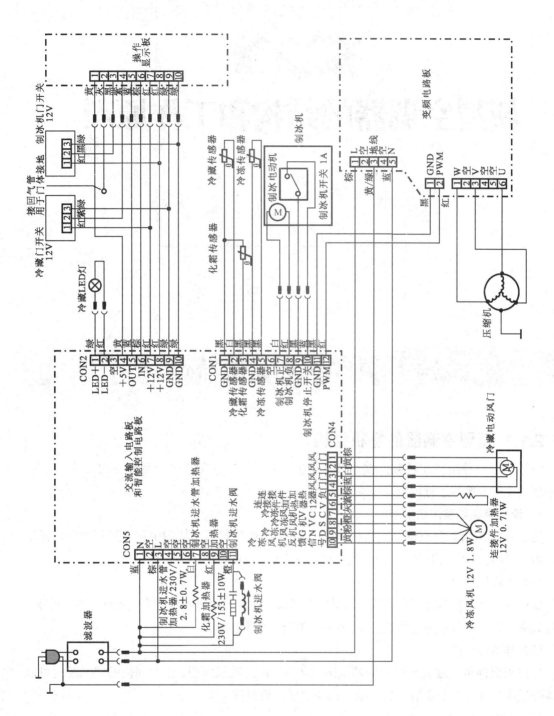

图1-30 海尔BCD-316WS型变频电冰箱的连接图

第 2 章

新型空调器的结构和工作原理

2.1 新型空调器的结构

2.1.1 新型空调器的整机结构

空调器是一种给空间区域提供空气处理的设备，其主要功能是对空气中的温度、湿度、纯净度及空气流速等进行调节。

1. 新型空调器室内机的结构

图 2-1 所示为新型空调器室内机（壁挂式）的结构分解图。从图中可看到新型空调器室内机由蒸发器、导风板组件、贯流风扇组件、电路板、温度传感器等部分组成。

（1）贯流风扇组件

新型壁挂式空调器的室内机基本都采用贯流风扇组件加速房间内的空气循环，提高制冷／制热效率，图 2-2 所示为新型壁挂式空调器的贯流风扇组件。

（2）导风板组件

导风板组件可以改变新型空调器吹出的风向，扩大送风面积，使房间内的空气温度可以整体降低或升高，图 2-3 所示为新型空调器的导风板组件。

（3）蒸发器

蒸发器是新型空调器室内机中重要的热交换部件，制冷剂流经蒸发器时，吸收房间内空气的热量，使房间内温度迅速降低，图 2-4 所示为新型空调器的蒸发器。

（4）温度传感器

新型空调器室内机通常安装有 2 个温度传感器，一个位于蒸发器翅片上，对室内温度进

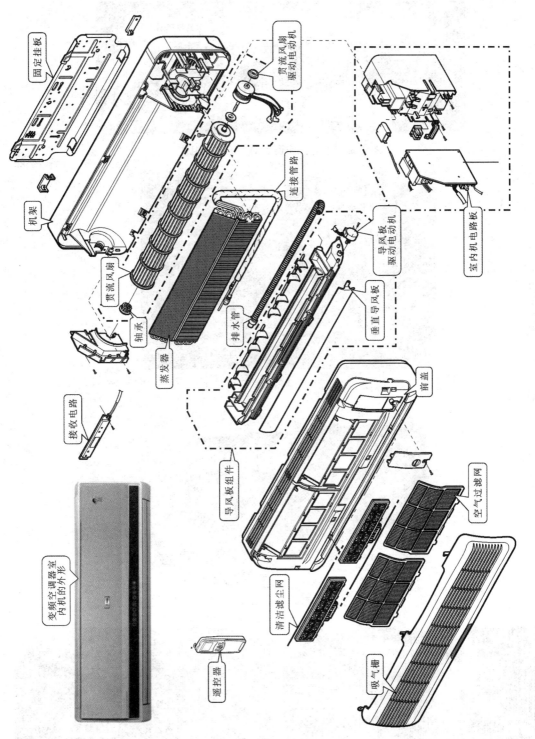

图 2-1 新型空调器室内机的结构分解图

固定挂板

贯流风扇驱动电动机

室内机电路板

连接管路

机架

导风板驱动电动机

贯流风扇

垂直导风板

轴承

排水管

蒸发器

前盖

接收电路

空气过滤网

导风板组件

变频空调器室内机的外形

清洁滤尘网

遥控器

吸气栅

行检测，另一个位于蒸发器管路上，对室内机管路温度进行检测，图 2-5 所示为新型空调器室内机的温度传感器。

图 2-2 新型壁挂式空调器的贯流风扇组件

图 2-3 新型空调器的导风板组件

图 2-4 新型空调器的蒸发器

图 2-5 新型空调器室内机的温度传感器

2. 新型空调器室外机的结构

图 2-6 所示为新型空调器室外机的结构分解图。从图中可看到新型空调器室外机的各个组成部件，如变频压缩机、毛细管、干燥过滤器、截止阀、冷凝器、温度传感器、轴流风扇组件、控制电路板、电源电路板和变频电路板等。

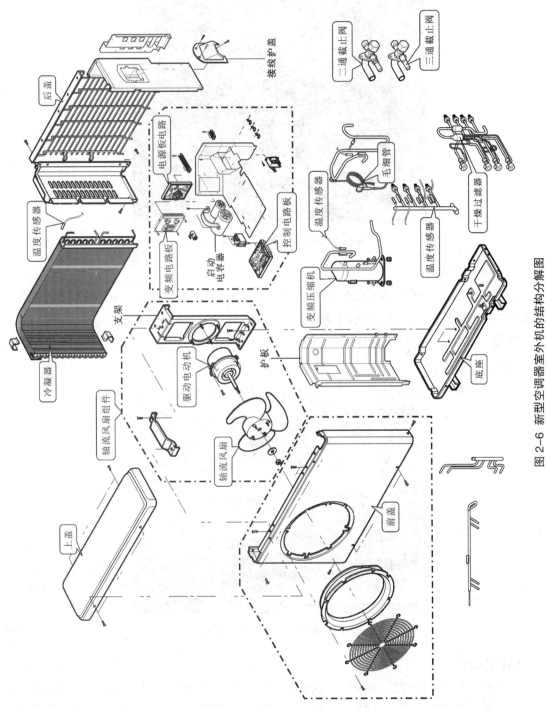

图 2-6　新型空调器室外机的结构分解图

（1）轴流风扇组件

新型空调器的室外机基本都采用轴流风扇组件加速室外机的空气流通，提高冷凝器的散热或吸热效率。贯流风扇组件位于冷凝器前方，扇叶安装在贯流风扇驱动电动机前部。图2-7所示为新型空调器的轴流风扇组件。

图2-7 新型空调器的轴流风扇组件

（2）变频压缩机

变频压缩机是采用变频技术的新型空调器（变频空调器）中最为重要的部件，它是变频空调器制冷剂循环的动力源，使制冷剂在变频空调器的制冷管路中形成循环。

变频压缩机位于轴流风扇组件的右侧，与制冷管路连接在一起。图2-8所示为新型空调器的变频压缩机。

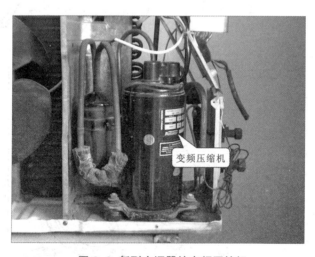

图2-8 新型空调器的变频压缩机

（3）冷凝器

冷凝器位于室外机后部，是新型空调器室外机中重要的热交换部件，制冷剂流经冷凝器时，向外界空气散热或从外界空气吸收热量，与室内机蒸发器的热交换形式始终相反，这样便实现了新型空调器的制冷／制热功能，图2-9所示为新型空调器的冷凝器。

图2-9 新型空调器的冷凝器

（4）干燥过滤器、单向阀和毛细管

干燥过滤器、单向阀和毛细管是室外机中的节流、闸阀组件，其中，干燥过滤器可对制冷剂进行过滤；单向阀可防止制冷剂回流；而毛细管可对制冷剂起到节流降压的作用，图2-10所示为新型空调器的干燥过滤器、单向阀和毛细管。

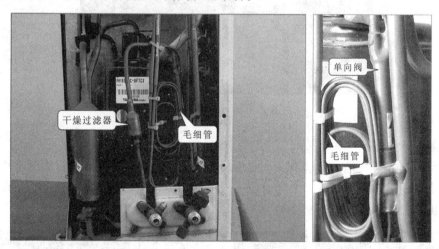

图2-10 新型空调器的干燥过滤器、单向阀和毛细管

（5）截止阀

截止阀是新型空调器室外机与室内机之间的连接部件，室内机的2根连接管路分别与室外机的2个截止阀相连，从而构成制冷剂室内、室外的循环通路。

二通截止阀又叫液体截止阀，与室内机的细管相连。三通截止阀又叫气体截止阀，与室内机的粗管相连。图2-11所示为新型空调器室外机的截止阀。

（6）电磁四通阀

电磁四通阀是控制制冷剂流向的部件，新型空调器的制冷管路中安装有电磁四通阀，才

图 2-11 新型空调器室外机的截止阀

可实现制冷、制热模式的切换，图 2-12 所示为新型空调器室外机的电磁四通阀。

图 2-12 新型空调器室外机的电磁四通阀

（7）温度传感器

新型空调器室外机通常安装有 3 个温度传感器，一个对室外温度进行检测，另一个对室外机管路温度进行检测，最后一个则对压缩机排气口温度进行检测，图 2-13 所示为新型空调器室外机的温度传感器。

图 2-13 新型空调器室外机的温度传感器

2.1.2 新型空调器的电路结构

新型空调器的电路主要分为室内、室外两部分电路，室内机部分主要由电源电路、控制电路和遥控接收电路组成；室外机部分主要由电源电路、控制电路和变频电路组成。变频压缩机主要受变频电路控制。另外，在室内外机都包含一部分通信电路。图 2-14 所示为新型空调器的电路组成。

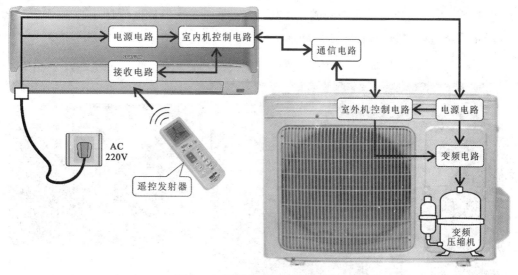

图 2-14 新型空调器的电路组成

1. 新型空调器室内机的电路

图 2-15 所示为新型空调器室内机的电源和控制电路。室内机的电源电路和控制电路制

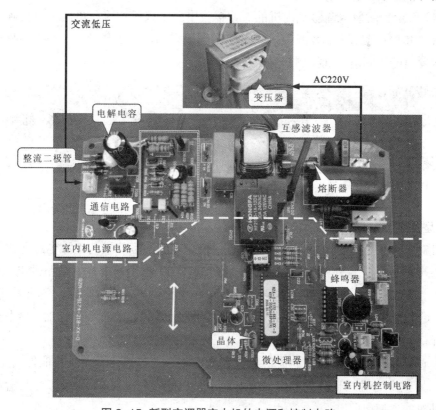

图 2-15 新型空调器室内机的电源和控制电路

作在一块电路板上，电源电路一侧可看到变压器、互感滤波器、电解电容、整流二极管、熔断器等元件；而控制电路一侧可以看到大规模集成电路、晶体、蜂鸣器、电容器和电阻器等元件。

新型空调器室内机和室外机中都设计有通信电路，室内机电路板上的通信电路主要由2个光电耦合器以及其他外围元件构成，用来接收室外机送来的数据信息并发送控制信号，图2-16所示为新型空调器室内机的通信电路。

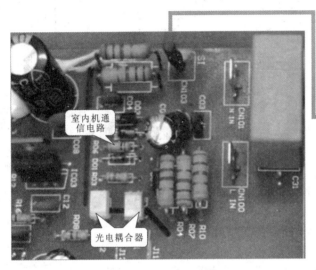

图 2-16 新型空调器室内机的通信电路

图2-17所示为新型空调器室内机的遥控接收电路。该遥控接收电路上可找到3个贴片式发光二极管和遥控接收器，发光二极管可显示新型空调器的工作状态，遥控接收器可接收遥控发射器发出的红外信号（控制信号）。

图 2-17 新型空调器室内机的遥控接收电路

2. 新型空调器室外机的电路

图2-18所示为新型空调器室外机的电源和控制电路。室外机的电源电路和控制电路也制作在一块电路板上。室外机电源电路结构较复杂，除了为室外机控制电路供电，该电路还与电抗器、电感线圈、桥式整流堆等相配合，为变频电路供电。电源电路一侧可看到变压器、电解电容、熔断器等元件；而控制电路一侧可以看到微处理器、晶体、存储器、继电器和发光二极管等元件。

新型空调器室外机电路板上的通信电路也是由2个光电耦合器以及其他外围元件构成，该电路用来接收室内机送来的控制信号并发送室外机的各种数据信息，图2-19所示为新型空调器室外机的通信电路。

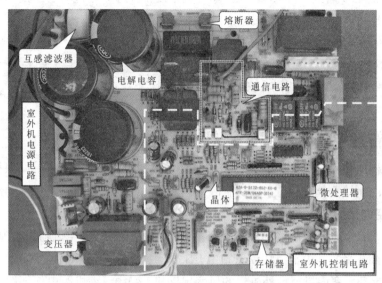

图2-18 新型空调器室外机的电源和控制电路

互感滤波器

电解电容

熔断器

通信电路

室外机电源电路

微处理器

晶体

变压器

存储器　室外机控制电路

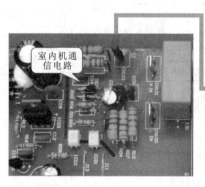

室内机通信电路

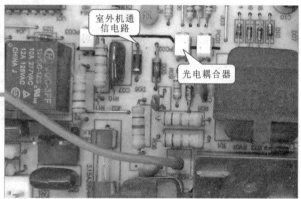

室外机通信电路

光电耦合器

图2-19 新型空调器室外机的通信电路

图2-20所示为新型空调器室外机的变频电路。室外机的变频电路安装在一块散热片上，

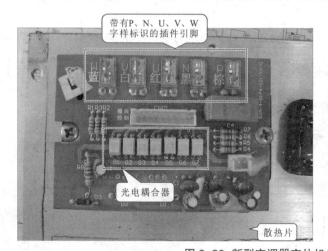

带有P、N、U、V、W字样标识的插件引脚

蓝　白　红　黑　棕

光电耦合器

散热片

功率模块

图2-20 新型空调器室外机的变频电路

在电路板的正面可以看到 P、N、U、V、W 字样标识的插件引脚以及光电耦合器等元件、在变频电路的背部可看到焊接在电路板上的功率模块。

2.2 新型空调器的工作原理

2.2.1 新型空调器的制冷／制热原理

新型空调器的电路部分分别对室内机和室外机中的电气部件进行控制，根据用户的需要，采用两种相反的制冷剂循环模式，实现制冷或制热。

1. 新型空调器的制冷原理

图 2-21 所示为新型空调器的制冷循环的工作原理。当新型空调器进行制冷工作时，电磁四通阀处于断电状态，内部滑块使管口 A、B 导通，管口 C、D 导通。同时，在新型空调器电路系统的控制下，室内机与室外机中的风扇电动机、变频压缩机等电气部件开始工作。

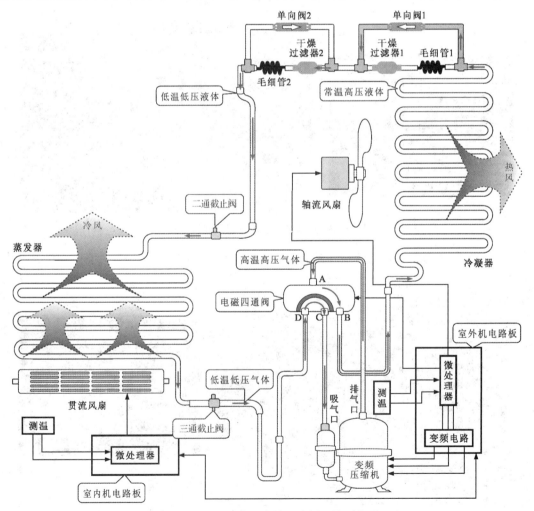

图 2-21 新型空调器的制冷循环的工作原理

制冷剂在变频压缩机中被压缩，原本低温低压的制冷剂气体压缩成高温高压的过热蒸汽，然后经压缩机排气口排出，由电磁四通阀的 A 口进入，经电磁四通阀的 B 口进入冷凝器中。高温高压的过热蒸汽在冷凝器中散热冷却，轴流风扇带动空气流动，加速冷凝器的散热效果。

经冷凝器冷却后的常温高压制冷剂液体经单向阀1、干燥过滤器2进入毛细管2中，制冷剂在毛细管中节流降压后，变为低温低压的制冷剂液体，经二通截止阀送入到室内机中。制冷剂在室内机蒸发器中吸热汽化，蒸发器周围空气的温度下降，贯流风扇将冷风吹入室内，加速室内空气循环，提高制冷效率。

汽化后的制冷剂气体经三通截止阀送回室外机，经电磁四通阀的 D 口、C 口和压缩机吸气口回到变频压缩机中，进行下一次制冷循环。

2. 新型空调器的制热原理

新型空调器的制热原理与制冷原理正好相反，如图 2-22 所示。在制冷循环中，室内机的蒸发器起吸热作用，室外机的冷凝器起散热作用，因此，新型空调器制冷时，室外机吹出的是热风，室内机吹出的是冷风；而在制热循环中，室内机的蒸发器起到的是散热作用，室外机

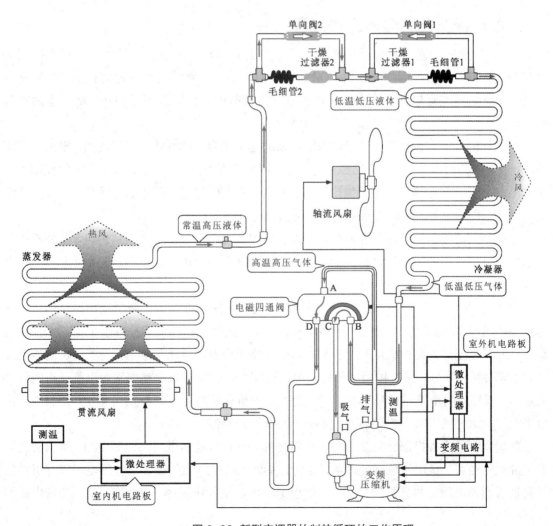

图 2-22 新型空调器的制热循环的工作原理

的冷凝器起到的是吸热作用。因此，新型空调器制热时室内机吹出的是热风，而室外机吹出的是冷风。

当新型空调器进行制热工作时，电磁四通阀通电，滑块移动使管口 A、D 导通，管口 C、B 导通。

制冷剂在变频压缩机中压缩成高温高压的过热蒸气，由压缩机的排气口排出，再由电磁四通阀的 A 口、D 口送入室内机的蒸发器中。高温高压的过热蒸气在蒸发器中散热，蒸发器周围空气的温度升高，贯流风扇将热风吹入室内，加速室内空气循环，提高制热效率。

制冷剂散热后变为常温高压的液体，再由液体管从室内机送回到室外机中。制冷剂经单向阀 2 干燥过滤器 1 进入毛细管 1 中，制冷剂在毛细管中节流降压为低温低压的制冷剂液体后，进入冷凝器中。制冷剂在冷凝器中吸热汽化，重新变为饱和蒸汽，并由轴流风扇将冷气吹出室外。最后，制冷剂气体再由电磁四通阀的 B 口进入，由 C 口返回压缩机中，如此往复循环，实现制热功能。

2.2.2 新型空调器的工作过程

图 2-23 所示为新型空调器的控制关系。在室内机中，由遥控信号接收电路来接收遥控信号，控制电路会根据遥控信号对室内风扇电动机、导风板电动机进行控制，并对室内温度、管路温度进行检测，同时通过通信电路将控制信号传输到室外机中，从而控制室外机工作。

在室外机中，控制电路板根据室内机送来的通信信号，对室外风扇电动机、电磁四通阀等进行控制，并对室外温度、管路温度、压缩机温度进行检测；同时，在控制电路的控制下变频电路输出驱动信号驱动变频压缩机工作。另外，室外机控制电路也将检测信号、故障诊断信息以及工作状态等信息通过通信接口传送到室内机中。

新型空调器的制冷、制热循环都是在控制电路的监控下完成，其中室内机、室外机中的控制电路分别对不同的部件进行控制，两个控制电路之间通过通信电路传递数据信号，保证新型空调器能够正常稳定的工作。

图 2-24 所示为新型空调器整机电路控制过程。从图中可以看出新型空调器室内机部分包括室内机电源电路、室内机控制电路、显示和遥控接收电路以及遥控发射电路（遥控器）。交流 220 V 电压送入室内机电源电路后，其中一路经该电源电路处理后，为室内机的电路元件和各部件供电，另一路直接为室外机供电。遥控接收电路接收由遥控发射电路送出的红外光信号，遥控接收电路对信号进行识别处理后，将指令信号传送到控制电路中，控制电路则根据程序对室内机风扇、导风板组件和显示电路等进行控制。

新型空调器室外机部分包括室外机电源电路、室外机控制电路和变频电路，室内机送来的电源电压经室外机电源电路处理后，分别为室外机的电路元件和各部件供电。室外机控制电路通过通信电路接收到控制信号后，便根据程序对室外机风扇、电磁四通阀、变频电路等进行控制。

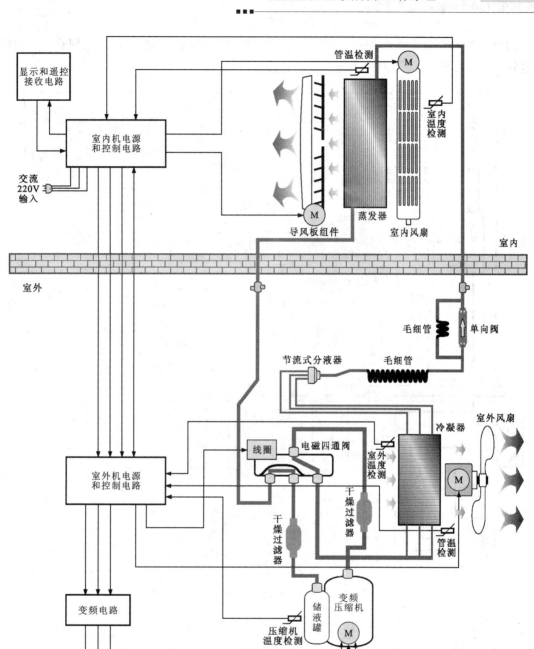

图 2-23 新型空调器的控制关系

1. 新型空调器室内机的工作过程

图 2-25 所示为新型空调器室内机电路接线图。从该接线图中可以发现，新型空调器室内机电路主要是由控制电路、室内风扇电动机、导风板电动机、温度传感器、端子板和电源插头等构成。

图 2-26 所示为新型空调器室内机电路系统的工作过程，室内机电路可进行开 / 关机、工作模式设置、制冷、制热温度设置等操作，并通过遥控发射器对室内机的微处理器发出人工

操作指令。室内机微处理器与室外机的微处理器进行数据通信，将控制信号送到室外机微处理器分别对室内机、室外机的各部分进行自动控制。

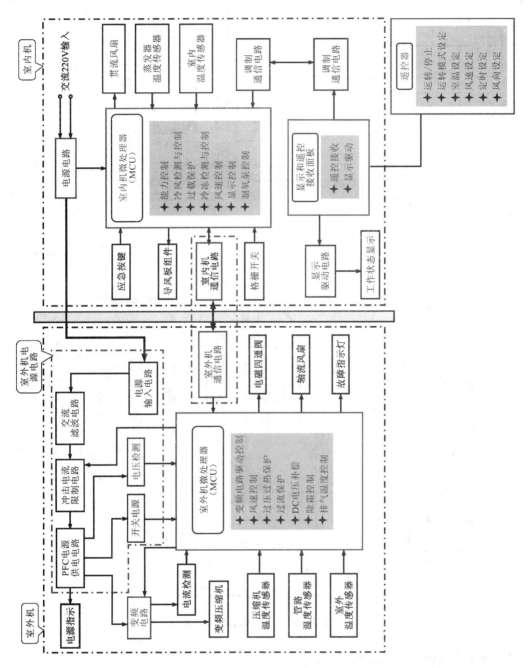

图2-24 新型空调器整机电路控制过程

2. 新型空调器室外机的工作过程

图2-27所示为新型空调器室外机电路接线图。从该接线图中可以发现，新型空调器室外机电路主要是由变频电路、变频压缩机、控制电路、室外风扇电动机、电磁四通阀、过热保护继电器、温度传感器、滤波器和端子板等构成。

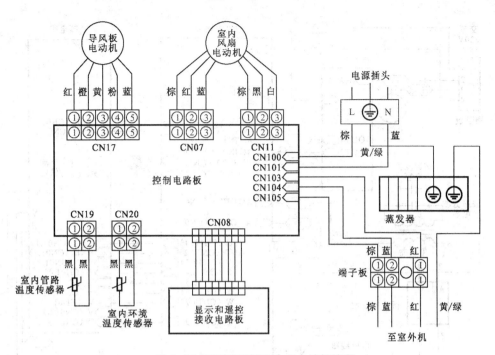

图 2-25 新型空调器室内机电路接线图

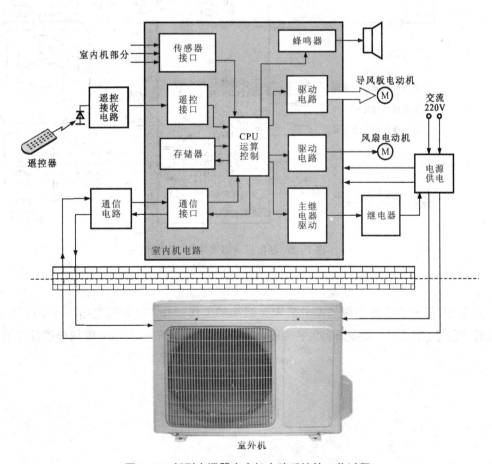

图 2-26 新型空调器室内机电路系统的工作过程

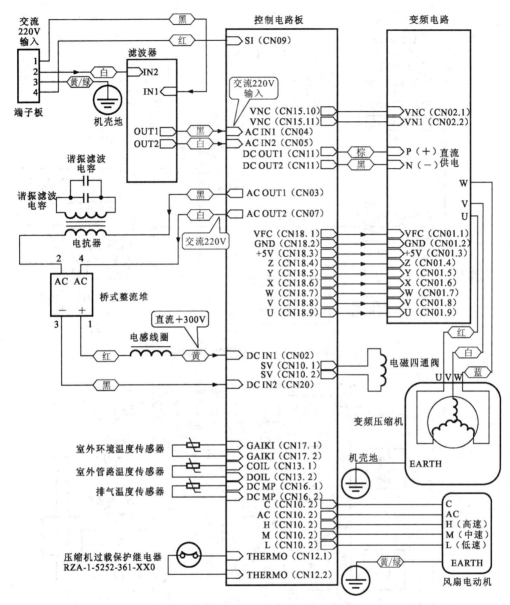

图 2-27 新型空调器室外机电路接线图

图 2-28 所示为新型空调器室外机电路系统的工作过程，室外机电路接收室内机电路送来的通信信号，在室外机微处理器的控制下，对变频电路、风扇驱动电路等部分进行自动控制。

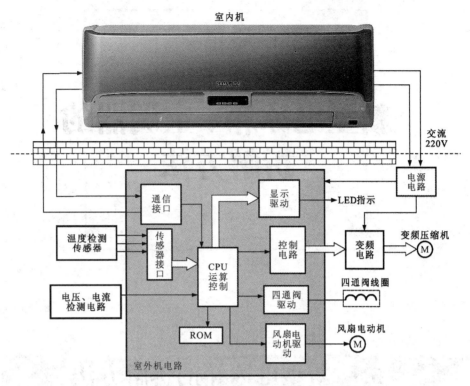

图 2-28 新型空调器室外机电路系统的工作过程

第 3 章

新型电冰箱、空调器的拆解方法

3.1 新型电冰箱的拆解方法

在新型电冰箱的检测维修过程中，需要掌握操作显示电路、电源及控制电路和电冰箱主要电气部件的拆解方法。

3.1.1 新型电冰箱操作显示电路的拆解方法

通常，操作显示电路板多采用卡扣固定的方式安装在电冰箱的前面。在操作显示电路板的外面装有操控面板。用户通过按动操控面板上的键钮即可触动操作显示电路板上的按键进而实现对电冰箱的工作状态或工作模式的设定。

对于电冰箱操作显示电路板的拆卸，首先将操作显示电路板及操控面板从电冰箱箱体中取出，然后再将操作显示电路板与操控面板分离。

1. 取出操作显示电路板及操控面板

拆卸操作显示电路板，首先要明确其固定位置和方式，然后使用一字旋具撬动操作显示电路板及操控面板两侧的暗扣将操作显示电路板及操控面板从电冰箱箱体中取出，然后拔下操作显示电路板的连接引线。具体操作如图 3-1 所示。

2. 操作显示电路板与操控面板分离

操作显示电路板位于操控面板下方，并通过螺钉进行固定，可使用旋具将固定在操作显示电路板四周的固定螺钉拧下，即可将其分离。图 3-2 所示为分离操作显示电路板与操控面板。

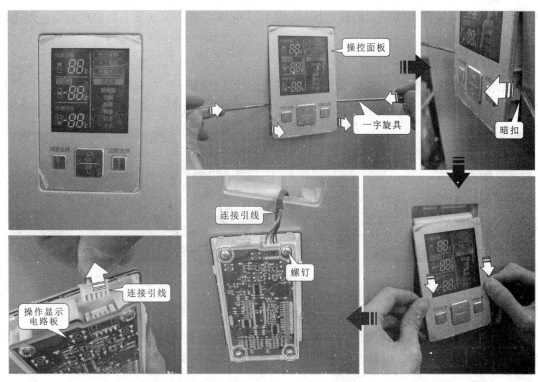

图 3-1 取出操作显示电路板及操控面板

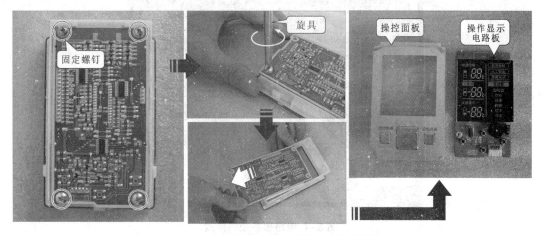

图 3-2 分离操作显示电路板与操控面板

3.1.2 新型电冰箱电源及控制电路的拆解方法

电源及控制电路板通常安装在电冰箱后面的保护罩内，并通过卡扣固定在箱体上。电源及控制电路板主要用来为电冰箱各单元电路或电器部件提供工作电压，同时接收人工指令信号，以及传感器送来的温度检测信号，并根据人工指令信号、温度检测信号以及内部程序，输出控制信号，对电冰箱进行控制。

对于电冰箱电源及控制电路板进行拆卸时，可首先将电源及控制电路板上的保护罩取下，然后拔下电源及控制电路板上的连接插件，最后从电冰箱电路板支架上取出电源及控制电路板。

1. 取下电源及控制电路板上的保护罩

电冰箱的电源及控制电路板安装在电冰箱后壳的保护罩内，首先需要使用合适的旋具将保护罩的固定螺钉拧下，然后将保护罩取下。操作如图3-3所示。

图3-3 取下保护罩

2. 拔下电源及控制电路板上的连接插件

取下电源及控制电路板上的保护罩后，发现电源及控制电路板上插接有很多连接引线，在拔下连接插件时可看到电路板与管路部分及周边的功能部件均有连接。如图3-4所示。

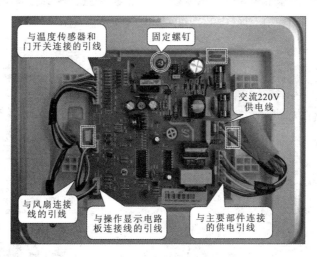

图3-4 电路板各插件位置

拔下电源及控制电路板上的连接引线。首先拔下与温度传感器和门开关连接的引线，然后拔下与风扇连接的引线，接着拔下与操作显示电路板连接的引线，最后拔下交流220 V供电引线和主要部件供电的引线。具体如图3-5所示。

3. 取下电源及控制电路板

使用旋具将固定在电源及控制电路板上的固定螺钉拧下，观察电源及控制电路板固定卡扣的卡紧方向，将电源及控制电路板与卡扣分离，拔下电源及控制电路板与其他部件的连接插件，将其从卡扣分离的一侧掀起，最后从电冰箱箱体上取下电源及控制电路板。如图3-6所示。

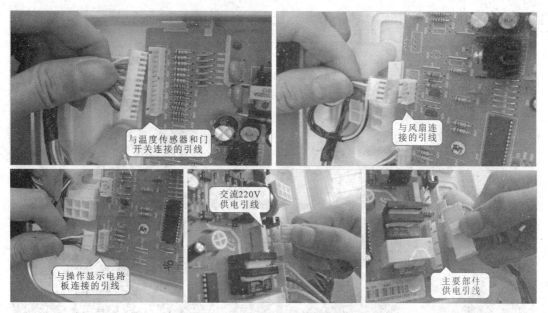

图 3-5　拔下电源及控制电路板上的连接插件

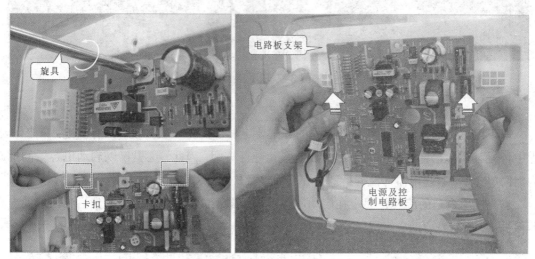

图 3-6　取下电源及控制电路板

3.1.3　新型电冰箱主要电器部件的拆解方法

在电冰箱中，除上述电路板部分外，在电冰箱底部的挡板内还安装有启动电容器、启动继电器、保护继电器等电器部件，这些电器部件大都位于压缩机旁，检修时需要将这些部件拆下。

对电冰箱主要电器部件进行拆卸时，首先对挡板进行拆卸，然后再对主要器件（启动电容器、启动继电器、保护继电器）进行拆卸。

1. 取下挡板

由于电冰箱中的主要电器部件安装在挡板里面，对主要电器部件进行拆卸时，首先需要取下挡板。挡板由固定螺钉固定，应使用合适的旋具将固定螺钉拧下，然后向下抽出并取下挡板。拆下挡板后便可看到压缩机、节流及闸阀组件。如图3-7所示。

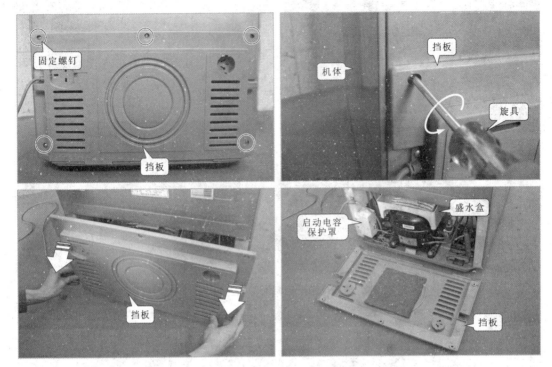

图3-7 取下挡板

2. 主要电器部件的拆卸

取下电冰箱挡板后，即可看到内部的各主要电器部件。一般来说，只有当电冰箱检修过程中怀疑某个电器部件故障时，才有必要将其进行拆卸，因此，这里仅以启动电容器的拆卸为例简单介绍，其余电器部件的拆卸将在后面涉及检修环节的章节中具体介绍。

首先使用合适的旋具将固定在启动电容器保护罩上的固定螺钉拧下，然后抽出启动电容器保护罩，最后将启动电容器保护罩与启动电容器分离。具体拆卸步骤如图3-8所示。

图3-8 取下启动电容器

拆卸下来的电冰箱各主要电器部件要妥善保管。注意不在电路板上放置杂物，确保放置平台的干燥。如图3-9所示。

电冰箱的故障排除后，应对拆卸的部件进行组装，需要注意零部件的安装顺序及牢固安装，避免因部件松动引发故障。

图 3-9　拆卸完成的电冰箱各主要电器部件

【要点提示】

在组装过程中，根据部件的不同，组装流程可依据实际的操作进行调整，应重点注意以下几点：

- 重新安装时，注意零部件安装的先后顺序，以免造成不必要的反复拆装过程。
- 在固定螺钉时，使用原有螺钉进行固定，以免造成器件固定不牢，或螺钉过大对部件的损坏。
- 对相关线路连接时，确保线路连接无误，严禁出现插头松动、线路连接错误或虚焊等现象。
- 重装完成后，对电冰箱整体进行初步调整和检测，防止因重装不当而引起二次故障。

3.2　新型空调器的拆解方法

在新型空调器的检测维修过程中，需要掌握空调器室内机和室外机的拆解方法。

3.2.1　新型空调器室内机的拆解方法

空调器室内机是通过电路板及各电器部件的连接实现对制冷循环的控制，掌握空调器室内机电路板及各主要电器部件的拆卸方法是制冷维修人员必须掌握的技能之一。

1. 室内机外壳的拆卸

室内机外壳通常采用暗扣、卡扣和螺钉的方式固定在室内机机体上。对于空调器室内机外壳的拆卸，我们首先将空气过滤网和清洁滤尘网取下，然后再将前盖板取下。

（1）空气过滤网和清洁滤尘网的拆卸

拆卸室内机外壳时，首先将位于空调器前部的吸气栅掀起，然后用手按下位于机壳两侧的暗扣，并向上提起，最后打开卡扣，使吸气栅脱离并向上掀起，即可看到空气过滤网和清洁滤尘网。轻轻向上提起空气过滤网卡扣即可将空气过滤网和清洁过滤网取出（空气过滤网下面是清洁过滤网）。 具体操作如图 3-10 所示。

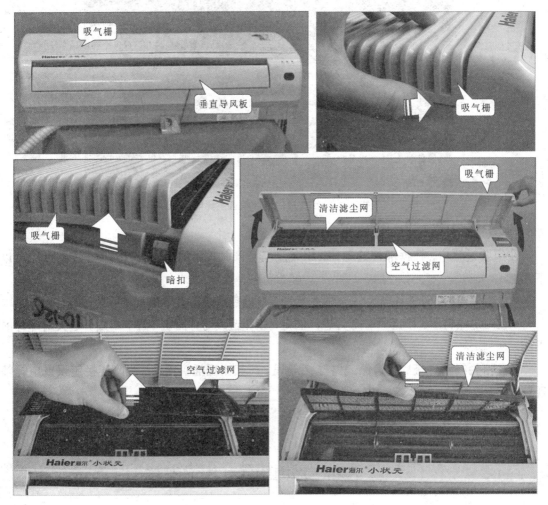

图 3-10 空气过滤网和清洁过滤网的拆卸

（2）前盖板的拆卸

取下空气过滤网和清洁滤尘网后，即可拆卸前盖板。室内机前盖板位于室内机前面，拆卸时应先将垂直导风板掀起，可看到垂直导风板下面的卡扣，然后使用一字旋具轻轻撬动卡扣，接着用十字旋具将前盖板的固定螺钉拧下，即可将前盖板掀起。具体如图 3-11 所示。

2. 室内机电路部分的拆卸

取下前盖板后，可以看到室内机的电路部分，室内机电路部分主要是由遥控接收电路板、指示灯电路板、智能控制和电源电路板等构成，如图 3-12 所示。

（1）室内机遥控接收电路板和指示灯电路板的拆卸

遥控接收电路板和指示灯电路板（遥控信号接收电路）位于室内机的右下侧，其体积较小，两块电路板连在一起，指示灯电路板与控制电路板之间的连接引线被电路模块外侧的卡线槽

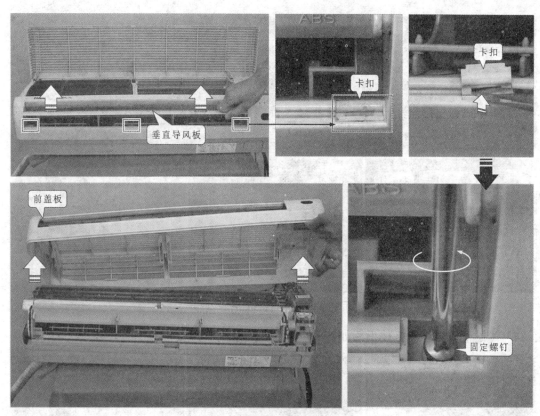

图3-11 前盖板的拆卸

图3-12 室内机电路部分

固定在模块夹板的外侧。室内机遥控接收电路板和指示灯电路板的拆卸操作如图3-13所示。

（2）室内机电器连接装置的拆卸

空调器室内机中的电器连接装置是向室外传送控制指令的部件。拆卸时将电器连接装置保护盖的螺钉用旋具拧下，取下保护盖，可以看到控制引线，首先使用旋具分别将"1（L）"、"2（N）"和接地端的螺钉拧松，拔出供电线缆的接头；再将"3"和"4"端的螺钉拧松，取出"3"

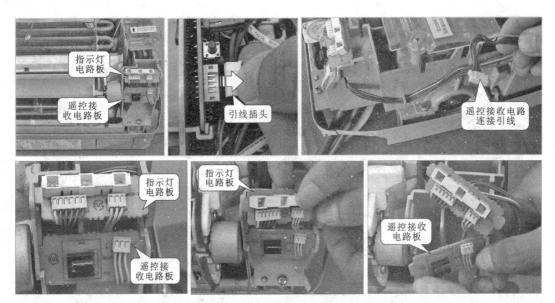

图 3-13 拆卸遥控接收电路板和指示灯电路板

和"4"端的供电线缆。具体拆卸如图 3-14 所示。

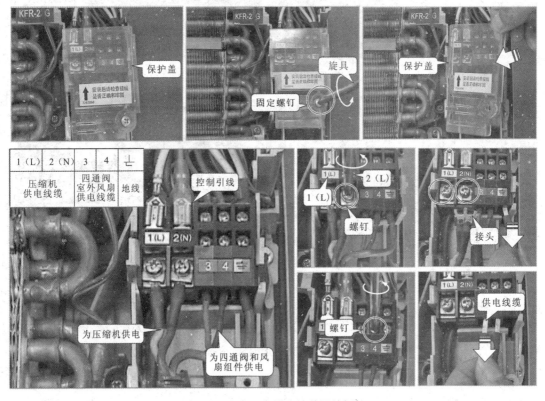

图 3-14 室内机电器连接装置的拆卸

（3）室内机温度传感器的拆卸

在空调器室内机中有两个温度传感器：一个是室温传感器，安装在蒸发器的翅片处，主要用于检测环境温度；另一个是管温度传感器，安装在管道部分，用于检测制冷管路温度。

拆卸室内机温度传感器时首先要找到室温传感器和管温传感器，然后将室温传感器探头取下，沿着室温传感器引线找到与之连接的插件，小心地将室温传感器插件从电路板插口上拔下。管温传感器是由一个卡子辅助固定在铜管处的，将管温传感器插件从电路板上拔下即可。具体拆卸如图3-15所示。

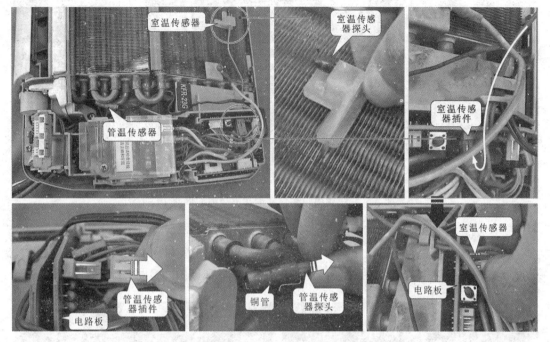

图3-15 室内机温度传感器的拆卸

（4）电源电路和智能控制电路板的拆卸

空调器室内机的电源电路板和智能控制电路板安装得十分紧凑，拆卸时需小心谨慎。

首先将导风组件驱动电动机插件从电路板上拔下，然后使用旋具将承装电路板的模块上的固定螺钉依次拧下，小心地将固定模块向上抬起（注意可能有未断开的连接引线，以免将其损坏），这时位于模块下方的贯流风扇电动机的引线接头仍与电路板相连，接着拔下贯流风扇电动机的连接插件，断开所有连接，即可将电路板连同固定模块一同取下，然后，将固定模块翻转后，使用旋具将变压器的固定螺钉拧下。具体拆卸步骤如图3-16所示。

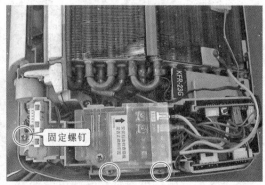

图3-16 电源电路和智能控制电路板的拆卸

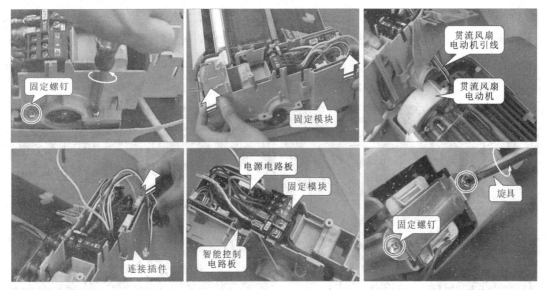

图 3-16 电源电路和智能控制电路板的拆卸（续）

接下来将卡扣向外稍微用力掰开，即可将固定模块取下，将卡槽缝中用来固定电路板的塑料薄片全部拔出，顺着卡槽缝轻轻向上拉电路板，将电源电路板和智能控制电路板连同变压器一同从固定模块中取出，由于两块电路板中仍有引线连接，所以应同时向上提，如图 3-17 所示。

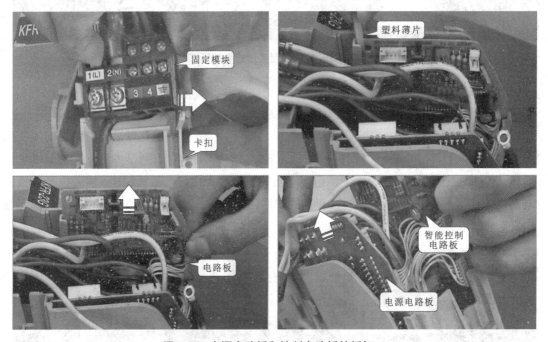

图 3-17 电源电路板和控制电路板的拆卸

图 3-18 所示为空调器室内机中拆卸下来的电源电路板和控制电路板。

【要点提示】

拆下来的空调器室内机外壳和电路部分。一般来说，只有当空调器室内机检修过程中怀

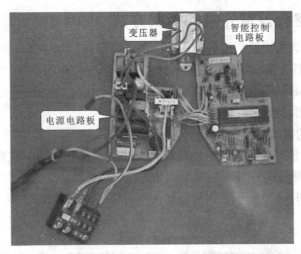

图 3-18　空调器室内机中电源电路板和控制电路板

疑某个电器部件故障时，才有必要将其进行拆卸，因此，这里对空调器室内机的拆卸至此完成，其余电器部件的拆卸将在后面涉及检修环节的章节中具体介绍。最好选择干净、平整的平台存放。尤其注意不要在电路板上放置杂物，要确保放置平台的干燥，如图 3-19 所示。

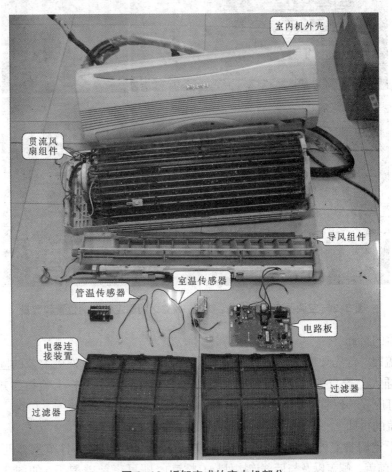

图 3-19　拆卸完成的室内机部分

3.2.2 新型空调器室外机的拆解方法

空调器室外机是通过电路板及各电器部件的连接实现对制冷循环的控制。因此,学习空调器室外机的维修,首先掌握空调器室外机电路板及各主要电器部件的拆卸方法。这也是空调器室外机维修人员必须掌握的基础技能。空调器室外机主要由外壳和电路板部分组成,电路板位于空调器压缩机上面。

1. 室外机外壳的拆卸

拆卸空调器室外机外壳前,首先要对室外机的外壳进行仔细的观察,确定室外机上盖、前盖、后盖之间固定螺钉的位置和数量。因为,一般情况下,空调器室外机的外壳都是通过固定螺钉固定的,如图3-20所示。拆卸空调器室外机外壳时可首先拆卸上盖,接着拆卸前盖,最后拆卸后盖。

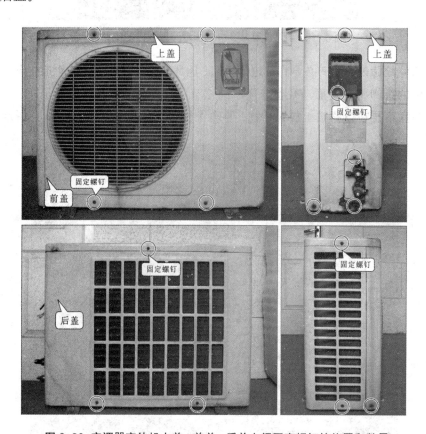

图3-20 空调器室外机上盖、前盖、后盖之间固定螺钉的位置和数量

(1) 上盖的拆卸

拆卸上盖时,首先要明确其固定位置和方式,使用旋具将室外机上盖的固定螺钉拧下,用一字旋具插入上盖与前盖之间的缝隙,将上盖撬起;然后用手将上盖抬起并取下。注意,拆卸下的螺钉应妥善保管,以防丢失,如图3-21所示。

(2) 前盖的拆卸

前盖位于空调器室外机前面,通过螺钉进行固定,可使用旋具拧下室外机前盖四周的固定螺钉(注意前盖、侧盖以及与后盖连接处均有螺钉),即可将前盖取下,如图3-22所示。

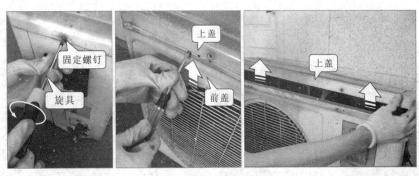

图 3-21 拆卸室外机上盖

图 3-22 拆卸室外机前盖

（3）后盖的拆卸

后盖板位于空调器室外机后面，通过螺钉进行固定，可使用旋具拧下后盖侧面接线盒挡板上的固定螺钉，即可取下将接线盒挡板；接着拧下电路板支架与后盖之间以及室外机后盖四周的固定螺钉（注意后盖侧面截止阀上方也有螺钉）；全部拧下后盖的固定螺钉后，便可取下室外机后盖，可看到室外机的内部组成部件，如图 3-23 所示。

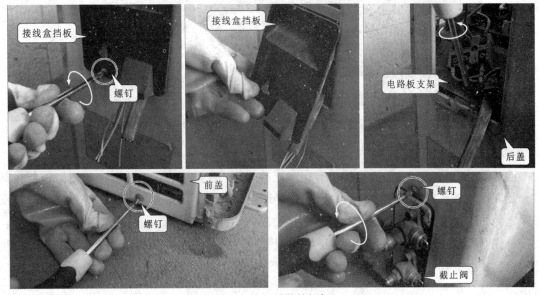

图 3-23 室外机后盖的拆卸

图 3-23 室外机后盖的拆卸（续）

2. 室外机电路部分的拆卸

电路板主要用来为空调器各单元电路和电器部件提供工作电压，同时接收人工指令信号，以及传感器送来的温度检测信号，并根据人工指令信号、温度检测信号、内部程序以及输出控制信号，对空调器进行控制。

室外机电路部分通常安装在室外机压缩机及制冷管路上面，并通过固定螺钉固定在机体上，如图 3-24 所示。

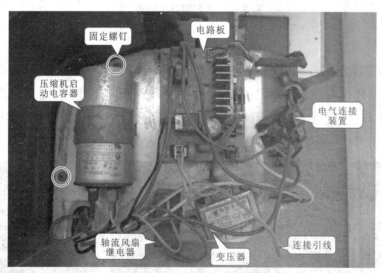

图 3-24 空调器室外机电路部分的安装位置及固定方式

【要点提示】

通过观察不难发现电路板上插接有很多连接引线，在拔下连接插件时由于电路板与管路部分及周边功能部件均有连接关系。因此在拆卸电路板时要仔细查看或记录好电路板与其他部件之间的连接关系及固定方式，切不可盲目操作，以免回装时出错。

首先用钳子夹住螺母，用旋具拧下接地线和电路板支架的固定螺钉，然后拔下电路板和启动电容器上的连接插件，最后将电路板支架整体从室外机压缩机制冷管路上取下，如图 3-25 所示。

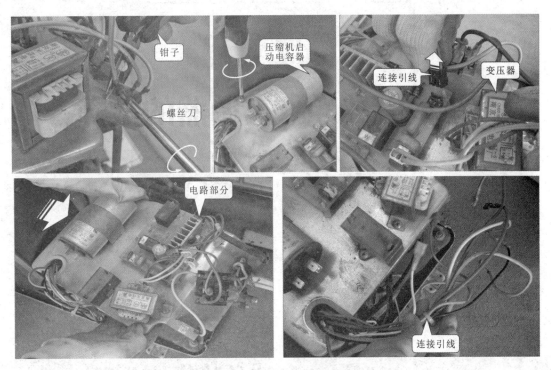

图 3-25 电路板部分的拆卸

图 3-26 所示为拆卸完成的空调器室外机外壳和电路部分。一般来说，只有当空调器室外机检修过程中怀疑某个电器部件故障时，才将其进行拆卸。

图 3-26 拆卸完成的室外机外壳和电路部分

第4章

新型电冰箱、空调器的故障检修分析

4.1　新型电冰箱的故障检修分析

4.1.1　新型电冰箱的故障特点

检测新型电冰箱，首先要对新型电冰箱的故障特点有所了解。新型电冰箱的故障表现主要反映在"制冷效果不良"、"结霜／结冰严重"、"声音异常"和"部分功能失常"四个方面。

1.　新型电冰箱"制冷效果不良"的故障特点

"制冷效果不良"的故障主要是指新型电冰箱在规定的工作条件下，箱内温度不下降，制冷效果不良。这类故障可以细致划分为4种："完全不制冷"、"制冷效果差"、"冬季制冷量小"和"制冷过量"。

（1）新型电冰箱"完全不制冷"的故障

这种故障主要表现为：新型电冰箱开机一段时间后，蒸发器没有挂霜迹象，箱内温度不下降。

【要点提示】

在正常制冷情况下，冷冻室内应有结霜。打开冷冻室的箱门，用手抹擦冷冻室内蒸发器的结霜，结霜不会被轻易地擦掉。用沾上水的手抹擦冷冻室蒸发器，手应该有被粘连的感觉。

【信息拓展】

新型电冰箱出现不制冷的故障原因多为变频压缩机不运转、制冷管路堵塞、制冷剂全部泄漏、电磁阀损坏、继电器损坏、控制电路板、信号传输电路板、变频电路板出现故障所引起。

（2）新型电冰箱"制冷效果差"的故障

这种故障主要表现为：新型电冰箱能正常运转制冷，但在规定的工作条件下，其箱内温度降不到原定温度，冷冻室蒸发器结霜不满，有时会伴随着出现压缩机回气管滴水、结霜或冷凝器入、出口温度变化异常等现象。

【要点提示】

冷凝器发热，数分钟后又冷却下来，说明干燥过滤器、毛细管有堵塞故障。冷凝器入口处和出口处的温度没有明显的变化或冷凝器根本就不散发热量，说明电冰箱制冷管路中的制冷剂有泄漏或压缩机不工作。压缩机吸气管出现结霜或滴水的情况，说明电冰箱制冷管路中充注的制冷剂过量。

【信息拓展】

新型电冰箱出现制冷效果差的故障原因多为门封不严、门开关失灵、控制电路失灵、风扇不运转、化霜组件损坏、制冷管路泄漏或堵塞、制冷剂充注过多或过少、冷冻油进入制冷管路、压缩机效率降低所引起。

(3) 新型电冰箱"冬季制冷量小"的故障

这种故障主要表现为：新型电冰箱冬季使用时，在规定的工作条件下，其箱内温度降不到原设定温度，但其他季节使用时制冷正常。

这类故障，往往不是新型电冰箱本身故障引起的。由于冬季温度较低，压缩机的启动时间较长，导致新型电冰箱制冷量不够，因此检查该类故障时首先要检查新型电冰箱温度补偿开关是否调节到冬季模式，其次是检查控制电路是否正常。

(4) 新型电冰箱"制冷过量"的故障

这种故障主要表现为：新型电冰箱通电启动后，可以制冷，但当达到用户设定的温度时，新型电冰箱不停机，箱内温度越来越低，超出用户设定温度值。

【要点提示】

新型电冰箱出现制冷过量的故障原因多为温度调整不当、控制电路失灵、箱体绝热层或门封损坏、风门失灵、风扇失灵所引起。

2. 新型电冰箱"结霜／结冰严重"的故障

"结霜／结冰严重"的故障主要是指新型电冰箱制冷正常，但冷冻室、冷藏室结霜或结冰，这类故障可以细致划分为2种："结霜严重"和"结冰严重"。

(1) 新型电冰箱"结霜严重"的故障

这种故障主要表现为：新型电冰箱启动工作一段时间后，制冷正常，但在蒸发器上结有厚厚的霜层。

【要点提示】

新型电冰箱的工作实际就是制冷—结霜—化霜—制冷过程的循环往复，由于新型电冰箱制冷正常，则说明新型电冰箱管路系统和压缩机启动控制系统正常，工作一段时间后，蒸发器上结有厚厚的霜层，则故障原因多为开门频繁、食物放的过多、门封不严、控制电路、传感器、电磁阀、化霜控制器、化霜加热器、化霜传感器、控制电路损坏所引起。

(2) 新型电冰箱"结冰严重"的故障

这种故障主要表现为：新型电冰箱启动后，制冷正常，但冷冻室或冷藏室温度较低，出现结冰现象。

【要点提示】

新型电冰箱制冷正常，说明新型电冰箱管路系统和压缩机启动控制系统正常，但工作一段时间后，冷冻室或冷藏室结冰，则故障原因多为门封不严、风扇不运转、控制电路控制失常所引起。

3. 新型电冰箱"声音异常"的故障

"声音异常"的故障可以细致划分为 2 种："嗡嗡、咔咔循环声"和"振动及噪声"。

（1）新型电冰箱"嗡嗡、咔咔循环声音"的故障

这种故障主要表现为：新型电冰箱通电后，发出"嗡嗡"声，一会儿又发出"咔咔"声，且不断重复"嗡嗡"、"咔咔"循环的声音。

【要点提示】

引起新型电冰箱出现"嗡嗡、咔咔循环声音"的故障，主要是由压缩机出现故障所致。

（2）新型电冰箱"振动及噪声过大"的故障

这种故障主要表现为：新型电冰箱启动时产生的振动及噪声过大。

引起电冰箱振动及噪声过大的原因多为电冰箱的放置位置不平、管道共振和零件松动、压缩机自身等原因所引起。

- 电冰箱放置位置不平，启动后晃动，引起电冰箱压缩机运转时与电冰箱箱体产生共振。
- 冷凝器固定不牢固，当制冷剂流通时，冷凝器与箱体之间相互碰撞，会引起电冰箱噪声大。
- 外露管路连接不稳固，制冷管路之间的接触，毛细管与回气管接触，使制冷剂流通时形成共振或碰撞，导致电冰箱工作噪声大。
- 压缩机机壳内的三只吊簧失去平衡，碰撞壳体，会发出撞击声。
- 压缩机零件磨损也会引起噪声。

4. 新型电冰箱"部分功能失常"的故障

"部分功能失常"的故障可以细致划分为 3 种："照明灯不亮"、"风扇不运转"和"显示及控制异常"。

（1）新型电冰箱"照明灯不亮"的故障

这种故障主要表现为：新型电冰箱启动后，制冷正常，但打开新型电冰箱箱门后，照明灯不亮，模拟新型电冰箱箱门打开与关闭的状态，照明灯均不点亮，出现该故障多为照明灯本身损坏或门开关损坏所引起。

（2）新型电冰箱"风扇不运转"的故障

这种故障主要表现为：新型电冰箱启动后，制冷正常，但打开或关上新型电冰箱箱门后，风扇均不运转，出现该故障多为风扇电动机损坏或门开关损坏所引起。

（3）新型电冰箱"显示及控制异常"的故障

这种故障主要表现为：新型电冰箱启动后，无法向新型电冰箱输入人工指令或新型电冰箱显示异常，出现该故障通常是由操作显示面板上的操作按键失灵、连接线接触不良或损坏、显示屏损坏、集成电路芯片损坏或控制电路上的相关控制部件损坏所引起。

4.1.2 新型电冰箱的故障检修流程

新型电冰箱的故障现象往往与故障部位之间存在着对应关系。掌握这种对应关系，我们便可以针对不同的故障表现制定出合理的故障检修方案。这将大大提高维修效率，降低维修成本。

1. 新型电冰箱"制冷效果不良"的故障检修流程

（1）新型电冰箱"完全不制冷"的故障检修流程

新型电冰箱出现"完全不制冷"的故障时，首先要排除外部电源供电的因素，然后重点对电源线、化霜组件、制冷管路、变频压缩机、控制电路等进行检查。图4-1所示为新型电冰箱"完全不制冷"故障的基本检修方案。

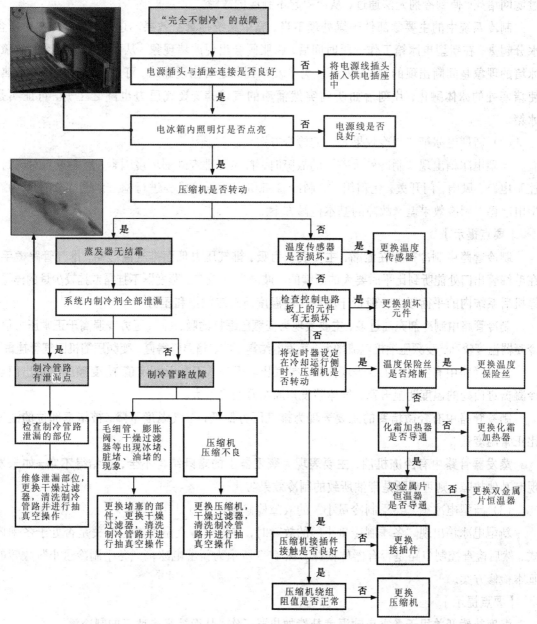

图4-1 新型电冰箱"完全不制冷"故障的检修方案

【要点提示】

通常压缩机启动端与运行端绕组的阻值等于公共端与启动端之间的阻值加上公共端与运行端之间的阻值。

制冷剂全部泄漏完的主要表现是：变频压缩机启动很轻松，变频压缩机部件无损坏时，运转电流减小，吸气压力较高，排气压力较低，排气管较凉，蒸发器里听不到液体的流动声，停机后打开工艺管时无气流喷出。

【信息拓展】

毛细管的进口处最容易被系统中较粗的粉状污物或冷冻机油堵塞，污物较多时会将整个过滤网堵死，使制冷剂无法通过，从而引起不制冷的故障。

制冷系统中的主要零部件干燥处理不当，整个系统抽真空效果不理想，或制冷剂中所含水分超量，在新型电冰箱工作一段时间后，膨胀阀会出现冰堵现象，从而引起不制冷的故障。冰堵的现象是间断出现的，时好时坏。为了及早判断是否出现冰堵，可用热水对堵塞处加热，使堵塞处的冰体融化，片刻后如听到突然涌动的气流声，吸气压力也随之上升，可证实是冰堵。

（2）新型电冰箱"制冷效果差"的检修方案

新型电冰箱出现"制冷效果差"的故障时，首先要排查外部环境因素，然后重点对门封、控制电路、风扇、门开关、化霜组件、制冷管路和变频压缩机等进行检查。图4-2所示为新型电冰箱"制冷效果差"故障的基本检修方案。

【要点提示】

制冷管路中制冷剂存在泄漏，主要表现为吸、排气压力低而排气温度高，排气管路烫手，在毛细管出口处能听到比平时要大的断续的"吱吱"气流声，蒸发器不挂霜或挂较少量的浮霜，停机后系统内的平衡压力一般低于相同环境温度所对应的饱和压力。

制冷管路中制冷剂充注过多，主要表现为变频压缩机的吸、排气压力普遍高于正常压力值，冷凝器温度较高，变频压缩机电流增大，蒸发器结霜不实，箱温降得慢，变频压缩机回气管挂霜。

制冷管路中有空气，主要表现为吸、排气压力升高（不高于额定值），变频压缩机出口至冷凝器进口处的温度明显升高，气体喷发声断续且明显增大。

制冷管路中有轻微堵塞的主要表现为排气压力偏低，排气温度下降，被堵塞部位的温度比正常温度低。

蒸发器管路中有冷冻机油，主要表现为蒸发器上的霜既结得不全，也结得不实，如未发现有其他故障，则可判断是带油所致的制冷效果劣化。

（3）新型电冰箱"冬季制冷量小"的故障检修流程

新型电冰箱出现"冬季制冷量小"的故障时，首先应检查温度补偿开关是否处于冬季模式，然后检查控制电路是否有器件损坏。图4-3所示为新型电冰箱"冬季制冷量小"故障的基本检修方案。

【要点提示】

温度补偿开关用于冬季启动温度补偿加热器工作，从而提高电冰箱的制冷量。

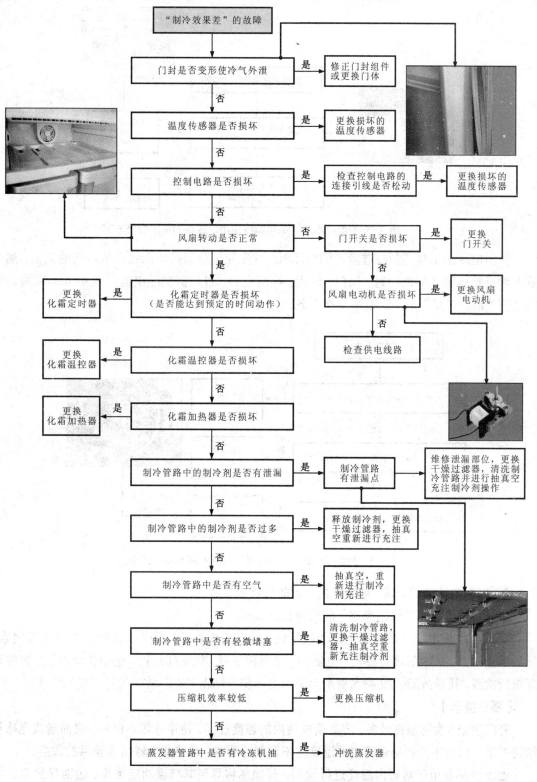

图4-2 新型电冰箱"制冷效果差"故障的基本检修方案

(4) 新型电冰箱"制冷过量"的故障检修流程

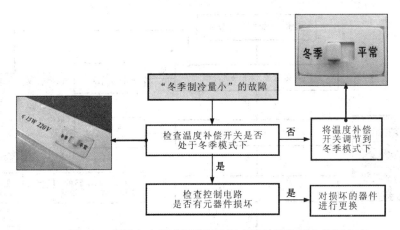

图 4-3 新型电冰箱"冬季制冷量小"故障的基本检修方案

新型电冰箱出现"制冷过量"的故障时，首先应排除温控器温度调节不当的因素，然后重点检查箱体绝热层或门封、风门、风扇、控制电路、过热保护继电器。图 4-4 所示为新型电冰箱"制冷过量"故障的基本检修方案。

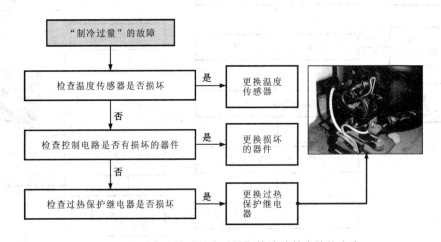

图 4-4 新型电冰箱"制冷过量"故障的基本检修方案

2. 新型电冰箱"结霜/结冰严重"的故障检修流程

（1）新型电冰箱"结霜严重"的故障检修流程

新型电冰箱出现"结霜严重"的故障时，应首先排除开门频繁、食物放的过多等因素，然后重点对其门封、温度传感器、电磁阀、化霜控制器、化霜加热器、化霜传感器、控制电路等进行检测，排除故障。图 4-5 所示为新型电冰箱"结霜严重"故障的基本检修方案。

【要点提示】

开门频繁、食物放得过多，容易造成箱内的温度过高，使电冰箱不停机，进而造成电冰箱结霜严重。门封不严将导致箱内的温度达不到制冷要求，致使蒸发器出现较厚的霜层。

温度传感器用于对箱内温度进行检测，若损坏将导致其感温功能失灵，进而导致电冰箱主控板指令失常，引起电冰箱结霜严重。

如电磁阀烧坏或不换向，将造成冷藏室的温度过低，导致冷藏室内结有厚厚的霜层。

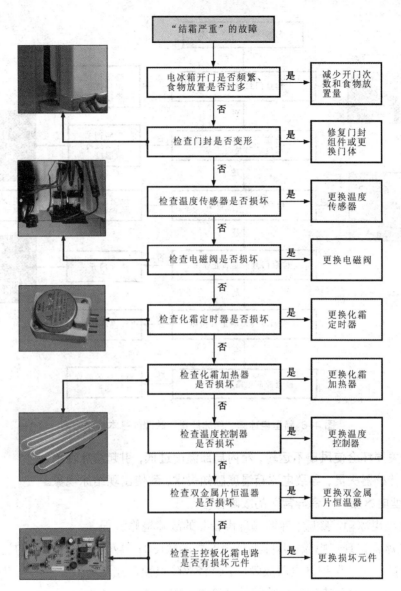

图4-5 新型电冰箱"结霜严重"故障的检修方案

化霜定时器损坏，无法化霜或化霜时间过短，从而引起霜层过厚。化霜加热器损坏，无法除去蒸发器表面的霜层，进而出现霜层过厚。

温度控制器和双金属片恒温器损坏，无法接通化霜电路进行化霜，会出现霜层过厚。主控板出现故障，导致电冰箱的化霜功能失效，引起电冰箱不化霜。

（2）新型电冰箱"结冰严重"的故障检修流程

新型电冰箱出现"结冰严重"的故障时，多为变频压缩机运转不停机所引起，检修时应重点对门封、风扇、温度传感器、控制电路进行检测，判断故障。图4-6所示为新型电冰箱"结冰严重"故障的基本检修方案。

【要点提示】

●门封不严会使外部空气进入箱内，冷气外泄，从而使压缩机不停机，进入箱内的空气凝结成水珠，最终导致结冰现象。

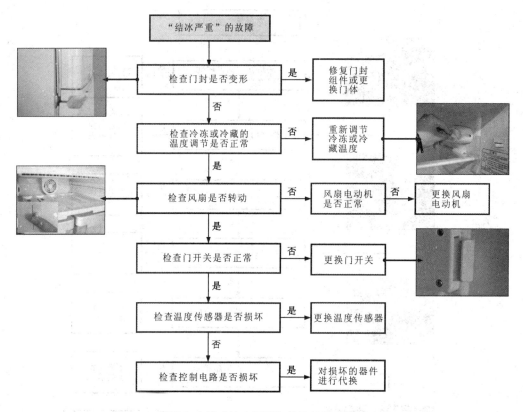

图 4-6 新型电冰箱"结冰严重"故障的基本检修方案

- 门开关损坏会使风扇不运转，箱内局部温度过低，引起结冰现象。
- 温度传感器失灵，导致电冰箱温度感知失常，致使出现结冰现象。

3. 新型电冰箱"声音异常"的故障检修流程

（1）新型电冰箱"嗡嗡、咔咔循环声音"的故障检修流程

新型电冰箱出现"嗡嗡、咔咔循环声音"的故障时，应首先对压缩机的过热保护继电器进行检测，排除过热保护继电器故障后，再将故障点锁定在压缩机上。图 4-7 所示为新型电冰箱"嗡嗡、咔咔循环声音"故障的基本检修方案。

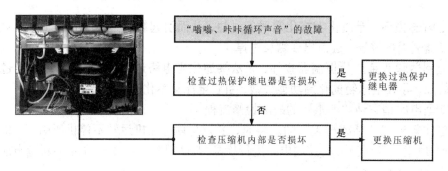

图 4-7 新型电冰箱"嗡嗡、咔咔循环声音"故障的基本检修方案

（2）新型电冰箱"振动及噪声过大"的故障检修流程

新型电冰箱出现"振动及噪声过大"的故障时，应先查看新型电冰箱的放置是否正常，

然后再检查新型电冰箱有无管道共振、零部件松动，最后再对其压缩机进行检修。图4-8所示为新型电冰箱"振动及噪声过大"故障的基本检修方案。

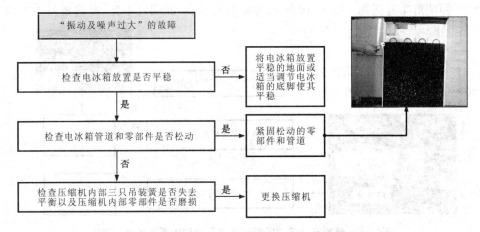

图4-8 新型电冰箱"振动及噪声过大"故障的基本检修方案

【要点提示】

在运转过程中，当用手按住某一部位时，如震动明显减小或消除，则找到声源做出相应处理。

判断是否为压缩机产生的噪声时用橡皮锤或用手锤，垫以木块从机壳侧面不同处进行敲击，以判定是吊簧不平衡还是被卡住所引起。（敲击时必须在压缩机上垫上木块，用力不要过猛。以免将变频压缩机敲坏。）

若电冰箱箱底水平调节螺钉不平，可在电冰箱顶盖上放置水平仪进行检查、校准。如图4-9所示。

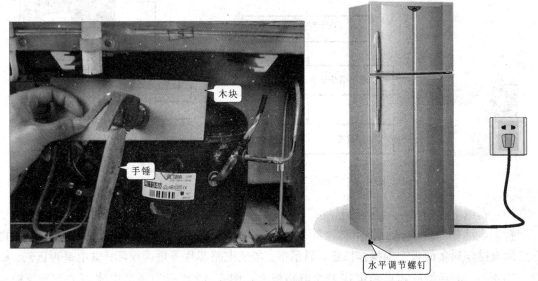

图4-9 新型电冰箱"振动及噪声过大"故障的检修

4. 新型电冰箱"部分功能失常"的故障检修流程

（1）新型电冰箱"照明灯不亮"的故障检修流程

新型电冰箱出现"照明灯不亮"的故障时，照明灯本身和门开关出现故障是最为常见的两个原因，需认真检查。

若照明灯不亮、风扇也不转动，则故障原因多为门开关损坏。若照明灯不亮，而风扇转动正常则说明照明灯本身损坏。图4-10所示为新型电冰箱"照明灯不亮"故障的基本检修方案。

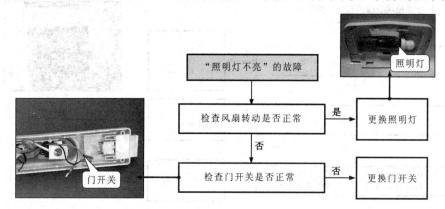

图4-10 新型电冰箱"照明灯不亮"故障的基本检修方案

（2）新型电冰箱"风扇不运转"的故障检修流程

新型电冰箱出现"风扇不运转"的故障时，风扇电动机本身和门开关出现故障是最为常见的两个原因，需认真检查。

若风扇不运转、照明灯也不亮，则故障原因多为门开关损坏。若风扇不运转、照明灯点亮，则说明风扇电动机可能损坏。图4-11所示为"风扇不运转"故障的基本检修方案。

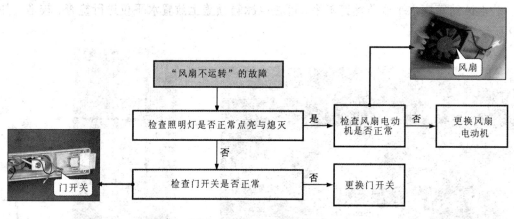

图4-11 "风扇不运转"故障的基本检修方案

（3）新型电冰箱"显示及控制异常"的故障检修流程

新型电冰箱出现"显示及控制异常"的故障时，首先应排除连接线松动的因素，然后再重点检查操作显示面板上的操作按键、显示屏、集成电路芯片等是否损坏，供电是否正常，如以上均正常，最后将故障点锁定在主控电路板上。图4-12所示为新型电冰箱"显示及控制异常"故障的基本检修方案。

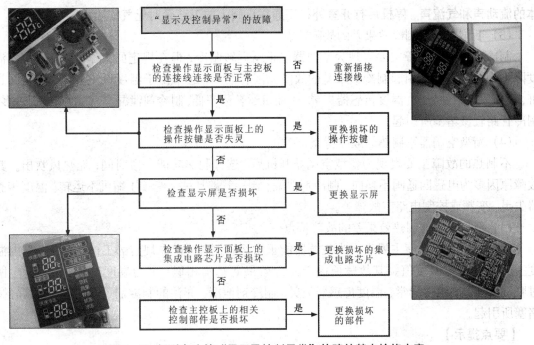

图 4-12 新型电冰箱"显示及控制异常"故障的基本检修方案

4.2 新型空调器的故障检修分析

引起新型空调器发生故障的原因较多，在对新型空调器进行检修时，应先了解新型空调器的故障特点，根据故障特点确定检修流程，便于快速准确地找到新型空调器的故障点。

4.2.1 新型空调器的故障特点

新型空调器出现故障，常会出现通电不开机、压缩机不启动、不制冷或制冷效果差、不制热或制热效果差、运行中有噪声、漏电等故障。下面我们针对这些常见的故障特点进行分析。

（1）新型空调器通电不开机的故障特点

通电不开机的故障主要表现为新型空调器通电后，使用遥控发射器或强制启动新型空调器，空调器均无反应，即可排除遥控接收电路出现的故障，该故障可能是由于室内机电源电路或控制电路损坏所引起。

（2）新型空调器不制冷的故障特点

不制冷的故障主要表现为新型空调器开机正常，选择制冷工作状态，一段时间后，空调器无冷气吹出。引起不制冷的故障原因有很多，也较复杂，通常由于制冷剂泄漏、制冷管路堵塞、变频压缩机不运转、温度传感器失灵、变频或控制电路有故障所引起。

【要点提示】

新型空调器制冷系统出现泄漏点后，若没能及时维修，制冷剂会全部漏掉，从而引起空调器完全不制冷的故障。制冷剂全部泄漏主要表现为压缩机启动很轻松，蒸发器里听不到液体的流动声和气流声，停机后打开室外机三通截止阀上的工艺管时无气流喷出。

（3）新型空调器制冷效果差的故障特点

制冷效果差的故障主要表现为空调器能正常运转制冷，但在规定的工作条件下，室内温度降不到设定温度。引起制冷效果差的故障原因有很多，通常由于温度设定异常、滤尘网过脏、室内风扇组件异常、温度传感器失灵、压缩机运转频率低、制冷剂泄漏、充注的制冷剂过多、制冷管路轻微堵塞所引起。

（4）新型空调器不制热的故障特点

不制热的故障主要表现为新型空调器开机后，选择制热功能一段时间，无热风吹出。其故障原因多为电磁四通阀不换向、制冷剂泄漏、制冷管路堵塞、变频压缩机不运转、温度传感器失灵、变频或控制电路有故障等。

（5）新型空调器制热效果差的故障特点

制热效果差的故障主要表现为空调器能正常运转制热，但在规定的工作条件下，室内温度上升不到设定温度值。其故障原因与制冷效果差基本相似，多为温度设定异常、滤尘网过脏、室内风扇组件异常、温度传感器失灵、制冷剂泄漏、充注的制冷剂过多、制冷管路轻微堵塞所引起。

【要点提示】

判定新型空调器制热效果差的故障时，不能凭直觉进行判断，应通过测量室内机的温度差进行判断。将空调器设定在制热状态，待其运行 20 min 左右，再测量室内机进、出风口的温度差。如果温度相差小于 16℃，说明空调器的制热效果差；如果温度相差大于 16℃，则属于正常现象。

（6）新型空调器振动或噪音大的故障特点

新型空调器启动工作时产生的振动或噪声过大。该故障的起因多为安装不当、空调器内部元件松动、空调器内有异物、电动机轴承磨损、压缩机抱轴、卡缸所引起。

4.2.2 新型空调器的故障检修流程

（1）新型空调器通电不开机的故障检修流程

空调器出现通电不开机的故障时，首先应确定空调器电源线以及室内机接线端子是否良好，排除外部电源供电的因素，然后再重点对室内机电源电路、控制电路进行检测。图 4-13 所示为新型空调器通电不开机故障的基本检修流程。

【要点提示】

● 通过观察熔断器外表，判断其是否损坏，也可使用万用表检测熔断器阻值来判断。

● 使用万用表对电源电路或控制电路中可能存在的故障元器件进行检测。

（2）新型空调器不制冷的故障检修流程

新型空调器出现不制冷的故障时，首先应确定室内机出风口是否有风送出，以排除外部电源供电的因素，再重点对制冷管路、室内温度传感器、变频压缩机进行检测。图 4-14 所示为新型空调器不制冷故障的基本检修流程。

【要点提示】

● 可用手感觉出风口风量，或使用专用仪表测量出风量。

● 使用洗洁精水来检测管路中可能存在的泄漏点。

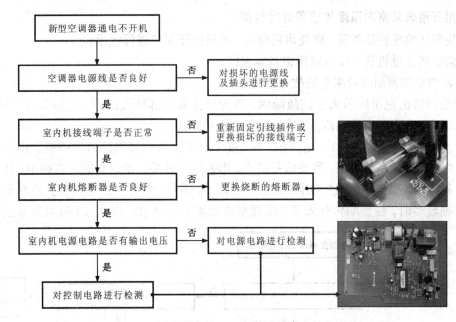

图4-13　新型空调器通电不开机故障的基本检修流程

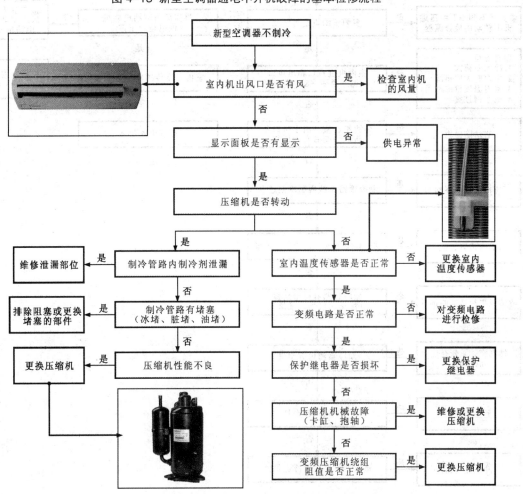

图4-14　新型空调器不制冷故障的基本检修流程

- 使用万用表对室内温度传感器进行检测。
- 若变频压缩机性能不良，应使用同型号、规格的压缩机进行代换。
- 通常变频压缩机三个绕组间阻值基本相同。

（3）新型空调器制冷效果差的故障检修流程

新型空调器出现制冷效果差的故障时，首先应排查外部环境因素，然后重点对熔断器、室内风扇组件、室内温度传感器、制冷管路等进行检查。

制冷剂过多会占据蒸发器一定容积，减小散热面积，从而使制冷效率降低。由于污物淤积在管路中，部分管路被堵塞，致使流量减小，影响制冷效果。空气在制冷管路中，使制冷效率降低。制冷剂不变，压缩机的实际排气量下降，其制冷量则会相应地减少。蒸发器内残留的冷冻机油较多时，会影响传热效果，出现制冷效果差的现象。图 4-15 所示为新型空调器

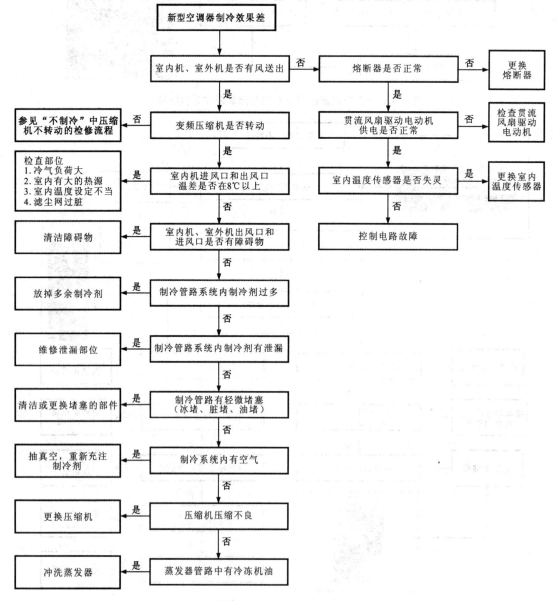

图 4-15 新型空调器制冷效果差故障的基本检修流程

制冷效果差故障的基本检修流程。

（4）新型空调器不制热的故障检修流程

新型空调器出现不制热故障时，首先应检查室内机出风口是否有风送出，然后排除外部电源供电的因素，确定电磁四通换向阀是否可以正常换向，若正常，则可按照完全不制热的检修流程进行检修。图 4-16 所示为新型空调器不制热故障的基本检修流程。

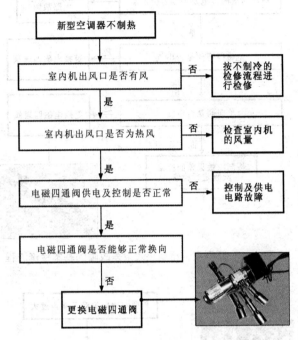

图 4-16 新型空调器不制热故障的基本检修流程

【要点提示】

室外机中电磁四通阀主要用于改变制冷剂在制冷系统中的流向。若损坏将导致空调器制冷／制热转换功能失常。

（5）新型空调器制热效果差的故障检修流程

新型空调器出现制热效果差的故障时，首先应检查室内机出风口是否有风，然后再重点对电磁四通阀、单向阀等进行检查。若均正常，便可按照制冷效果差的检修流程进行检修。图 4-17 所示为新型空调器制热效果差故障的基本检修流程。

（6）新型空调器振动或噪声过大的故障检修流程

新型空调器出现振动或噪声过大的故障时，首先应查看空调器外壳是否固定牢固，然后再重点对空调器外壳的固定螺钉、内部的风扇以及压缩机进行检查，查找到发生故障的部位。图 4-18 所示为新型空调器振动或噪声过大故障的基本检修流程。

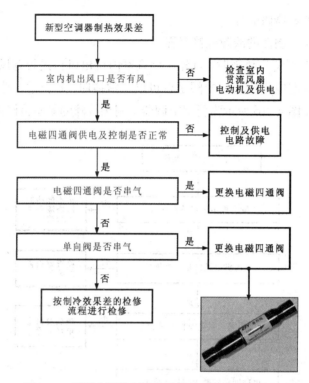

图 4-17 新型空调器制热效果差故障的基本检修流程

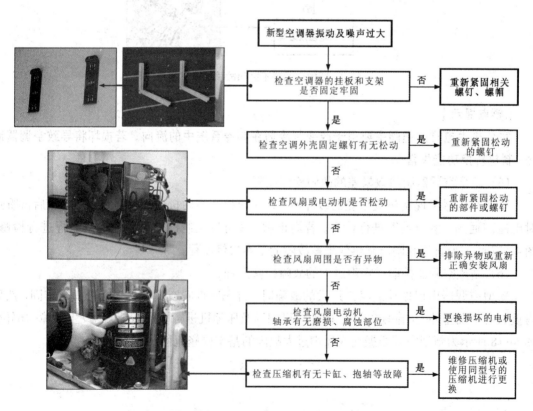

图 4-18 新型空调器振动或噪声过大故障的基本检修流程

第5章

新型电冰箱、空调器的检修工艺技能

5.1 新型电冰箱、空调器的管路加工技能

5.1.1 弯管的操作方法

弯管加工是制冷管路的常见加工方法之一。在进行弯管加工时,可根据管路的材质选择弯管工具。通常情况下在对金属管进行弯管加工时需要选择弯管器。图5-1所示为弯管器的实物外形。

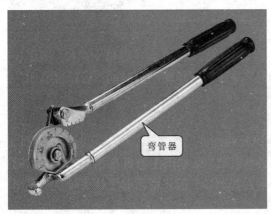

图5-1 弯管器

制冷管路经常需要弯制成特定的形状,为了保证系统循环的效果,对于管路的弯曲有严格的要求。通常弯管的弯曲半径不能小于铜管直径的3倍,且保证管道内腔不能变形。

弯管器的操作非常简单，只需将待加工金属管固定在弯管器上弯曲即可，图 5-2 所示为使用弯管器的弯管示意图。

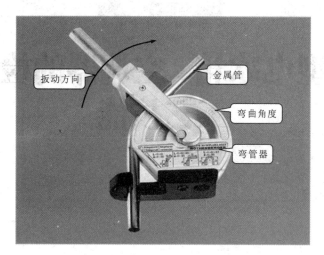

图 5-2 使用弯管器的弯管示意图

5.1.2 切管的操作方法

空调器的检修过程中常用到切管加工，由于空调器管路比较细，切割铜管所产生的金属碎屑可能会造成制冷系统堵塞，因此对于空调器制冷管路的切割工艺要求十分严格。切管加工时必须选择专用的切管器进行切割。

切管器可分为普通切管器和迷你切管器两种，如图 5-3 所示。不论是哪种切管器，都是由滚轮、刀片、进刀旋钮、刮管刀组成，如图 5-4 所示。

普通切管器

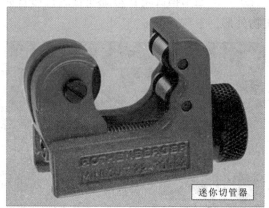

迷你切管器

图 5-3 切管器

● 对金属管进行切管加工时，首先调节切管器的进刀旋钮，将金属管固定好，如图 5-5 所示。

● 顺时针方向旋转切管器，并调节切管器末端的进刀旋钮，使金属管始终固定在切管器

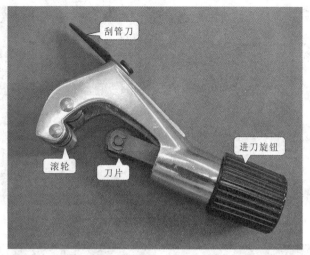

图5-4 切管器的组成部分

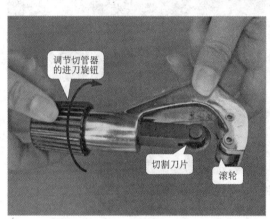 

图5-5 调整切管器并放置铜管于刀片和滚轮之间

上，如图5-6所示。

 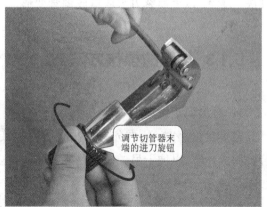

图5-6 转动切管器一周并调节末端的进刀旋钮

- 切割管路直至断开，如图5-7所示。
- 使用切管器上的刮管刀去除切割处的毛刺，如图5-8所示。

图 5-7 继续切割管路至断开

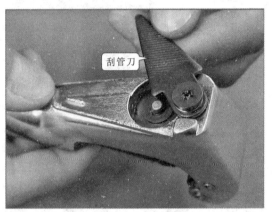

图 5-8 使用刮管刀去除管口上的毛刺

【要点提示】

在切管过程中要始终注意滚轮与刀片应垂直压向管子，不能侧向扭动；同时要防止进刀过快、过深，以免崩裂刀刃或造成铜管变形。

5.1.3 扩管的操作方法

制冷管路可以分为杯形口扩管加工和喇叭形口扩管加工。

1. 杯形口扩管加工

在焊接管路时，需要先将两根铜管对插连接，为了使焊接牢固，需要将其中一根管路的管口扩成杯形，以便于另一根管路能够插入，这就需要使用专用的工具进行扩管，即扩管组件，如图 5-9 所示。

- 在对管路进行杯形口扩管加工时，应先选择合适的扩管器夹板，如图 5-10 所示。
- 将待扩铜管放置在扩管器夹板中直径适宜的位置，露出长度约 1cm。拧紧扩管器的夹板螺母，其操作方法如图 5-11 所示。
- 选择尺寸适合的顶压器支头安装在顶压器上，如图 5-12 所示。

图 5-9 扩管组件

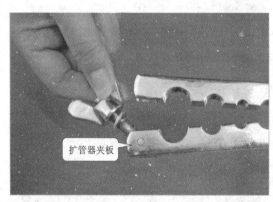
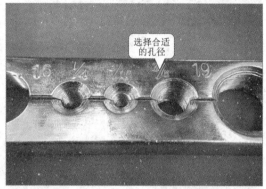

图 5-10 选择合适的扩管器夹板

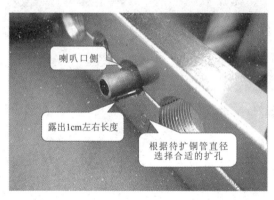
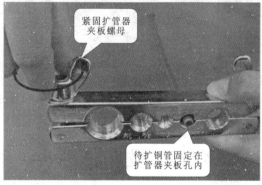

图 5-11 将待扩铜管放置在扩管器夹板中拧紧紧固螺母

图 5-12 替换顶压器支头

● 将顶压器装在扩管器夹板上，顺时针方向旋转安装顶压螺杆，如图 5-13 所示。

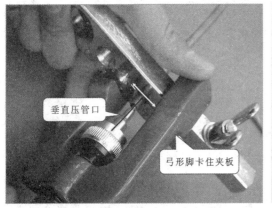
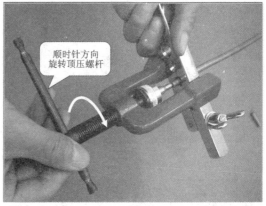

图 5-13 将顶压器装在扩管器夹板上并进行扩管操作

● 卸下顶压器，将扩压好的杯形口金属管取下，如图 5-14 所示。

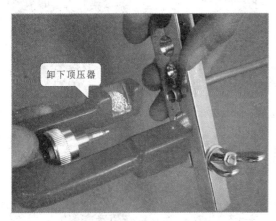
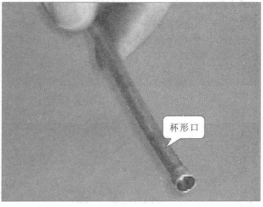

图 5-14 扩压好的杯形口

【要点提示】

扩管时，待扩的铜管直径不同，露出扩管器夹板的长度也不尽相同，需要根据实际情况进行调整。

在实际使用中，为节省力气，在对可拆卸下的管路进行扩管加工时，通常将扩管器固定在架子上进行操作。

2. 喇叭口形扩管加工

扩管工艺除了杯形口以外，在使用螺栓连接时，需要扩充为喇叭口，同样需要使用专用的工具，即扩管组件。

● 在对金属管进行喇叭口扩管加工时，首先将金属管放置在扩管器的夹板中，其操作方法如图 5-15 所示。

● 将顶压器的支头替换成扩压喇叭口使用的支头，内置钢珠，其操作方法如图 5-16 所示。

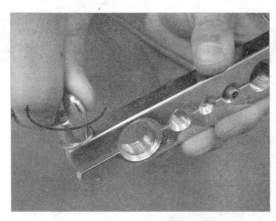
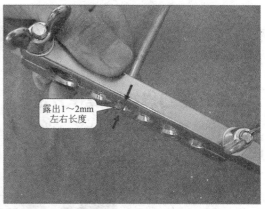

露出1～2mm
左右长度

图 5-15 将待扩金属管放置在扩管器夹板中

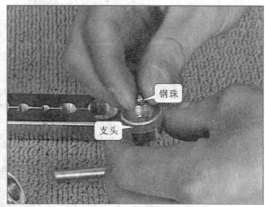

替换成扩压喇叭口
使用的支头

钢珠

支头

图 5-16 替换顶压器支头

● 对金属管进行扩压喇叭口的加工，得到所需要的管口形状，其操作方法如图 5-17 所示。

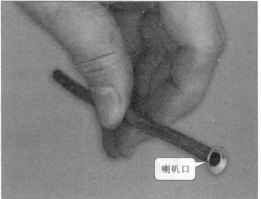

扩压喇叭口

喇叭口

图 5-17 扩压喇叭口

【要点提示】

　　扩管时，待扩的铜管直径不同，露出扩管器夹板的长度也不尽相同，需要根据实际情况进行调整。

5.2 新型电冰箱、空调器的管路焊接与连接技能

5.2.1 管路焊接的操作方法

首先将需要焊接的两根管路插接在一起，准备焊接，如图 5-18 所示。接着打开燃气瓶、氧气瓶的总阀门，并对输出的压力进行调整（检查氧气瓶、燃气瓶和焊枪的连接情况）。

图 5-18 焊接前的准备

调整好焊枪的输出压力后，接下来按要求进行焊枪的点火操作，如图 5-19 所示。点火时应先开焊枪上的燃气控制阀门，再打开焊枪上的氧气控制阀门，调整火焰。

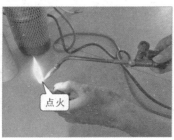

图 5-19 焊枪的点火顺序

【要点提示】

在使用气焊设备的点火顺序为：首先分别打开燃气瓶和氧气瓶阀门（无前后顺序，但应

确保焊枪上的控制阀门处于关闭状态），然后打开焊枪上的燃气控制阀门，接着用打火机迅速点火，最后打开焊枪上的氧气控制阀门，调整火焰至中性焰。

另外，若气焊设备焊枪枪口有轻微氧化物堵塞，可首先打开焊枪上的氧气控制阀门，用氧气吹净焊枪枪口，然后将氧气控制阀门调至很小或关闭，再打开燃气控制阀门，接着点火，最后再打开氧气控制阀门，调至中性焰。

管路焊接前，应将焊枪的火焰调整至最佳的状态，如图5-20所示，首先调节燃气控制阀，再调节氧气控制阀，让火焰呈中性焰（火焰呈中性焰，以便达到理想的焊接温度）。若调整不当，则会造成管路焊接时产生氧化物或无法焊接的现象。

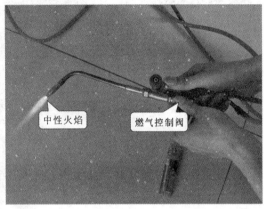

图5-20 调节焊枪的火焰

调整好焊枪的火焰后，则需要使用气焊设备对管路进行焊接，如图5-21所示。

用钢丝钳夹住铜管，然后用焊枪对准焊口均匀加热，当铜管被加热到呈暗红色时，即可进行焊接，把焊条放到焊口处，利用中性焰的高温将其熔化，待熔化的焊条均匀地包围在两根铜管的焊接处时即可将焊条取下。

在焊接操作时，要确保对焊口处均匀加热，绝对不允许使用焊枪的火焰对管路的某一部件进行长时间加热，否则会使管路烧坏。

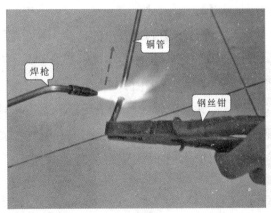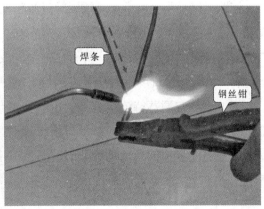

图5-21 使用气焊设备对管路进行焊接

焊接完成后，按要求关闭气焊设备（关火），关火的顺序如图 5-22 所示。首先关闭氧气控制阀，然后关闭燃气控制阀，最后待焊接完毕后，检查焊接部位是否牢固、平滑，有无明显焊接不良的问题。

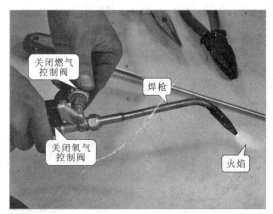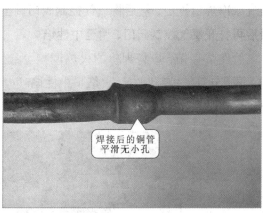

图 5-22 管路焊接完成后，按要求关火

【信息扩展】

焊接完成后，为什么要先关氧气，再关燃气呢？如果关火的顺序错了会出现什么样的现象呢？

通常，关火顺序为：先关闭焊枪上的氧气控制阀门，然后关闭焊枪上的燃气控制阀门，若长时间不再使用，还应最后关闭氧气瓶和燃气瓶上的阀门。关火顺序不可相反，否则会引起回火现象，发出很大"啪"的声响。

另外，在焊接时，若待焊接管路管壁上有锈蚀现象，需要使用砂布对焊接部位附近 1~2 cm 的范围进行打磨，直至焊接部位呈现铜本色，提高焊接质量。

5.2.2 管路连接的操作方法

管路连接是指利用纳子（拉紧螺母）将两根管路连接。连接时将纳子与制冷设备中的接管螺纹紧密咬合，实现管路的连接。首先将纳子套入待连接管路靠近管口的部位，然后使用扩管组件将管口扩为喇叭口。待管口被扩压成喇叭形后，查看喇叭口大小是否符合要求，有无裂痕（喇叭状管口可将纳子卡住，使其不会脱落，便于紧固）。如图 5-23 所示。

将纳子与空调器待连接管路上的接管螺纹连接，将联机配管上的纳子旋紧到室内机管路管口螺纹上，使用扳手将纳子与接管螺纹配件拧紧，完成管路的纳子连接（在操作的过程中一定要注意控制用力的大小，以避免因用力过大而损伤纳子及连接管口）。如图 5-24 所示。

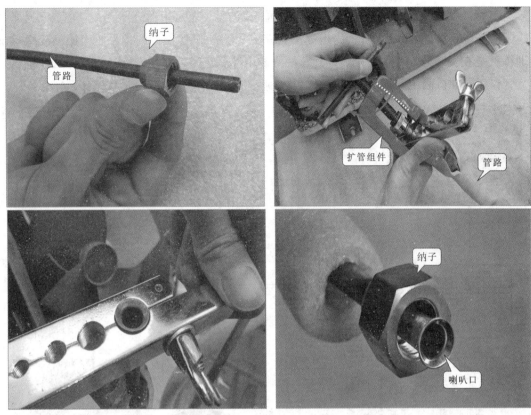

图 5-23　将套有纳子铜管的管口扩为喇叭口

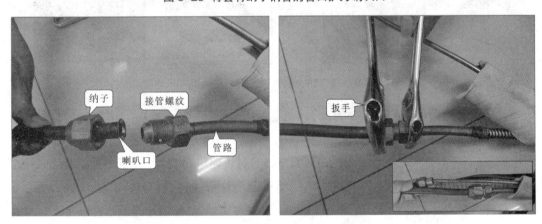

图 5-24　将纳子与制冷设备待连接管路上的接管螺纹连接

5.3　新型电冰箱、空调器的检修技能

5.3.1　充氮检漏的操作方法

　　充氮检漏是指向制冷设备管路系统中充入氮气，使管路系统具有一定压力后，用洗洁精水（或肥皂水）检查管路各焊接点有无泄漏，以确保制冷设备管路系统的密封性。

充氮检漏操作需要准备的设备有氮气钢瓶、减压器、充氮用的高压连接软管、三通压力表阀、管路连接器，图5-25所示为电冰箱管路充氮检漏设备连接的关系示意图。充氮检漏的训练就是在安装好充氮设备后，将其与待测的电冰箱进行连接，一般通过电冰箱压缩机的工艺管口以便向待测电冰箱中"吹"入氮气，完成检漏操作。

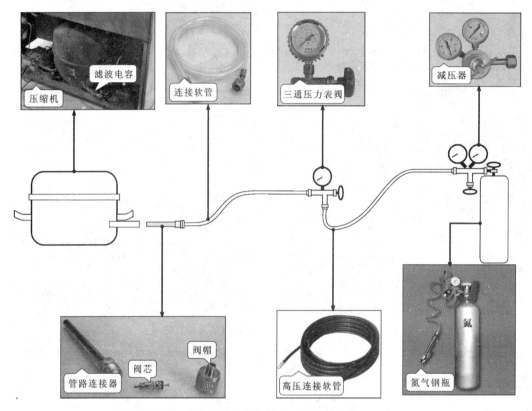

图 5-25 电冰箱管路充氮检漏设备连接的关系示意图

通常将充氮检漏设备的连接分为以下4步。

（1）切开压缩机工艺管口的封口

电冰箱的管路系统是一个封闭的循环系统，当对管路进行充氮时，应在电冰箱制冷管路中的制冷剂被回收或释放后，再将电冰箱压缩机工艺管口的封口切开，如图5-26所示。首先使用切管器将电冰箱压缩机工艺管口切开，然后再用钢丝钳将切开的工艺管口掰下。

（2）焊接压缩机工艺管口与管路连接器

管路连接器是电冰箱充氮检漏环境中关键的连接部件。通常电冰箱压缩机的工艺管口与连接软管无法直接连接，所以连接时要将管路连接器焊接到工艺管口上，再通过管路连接器的螺口与连接软管进行连接（使用气焊设备将管路连接器和压缩机工艺管口焊接之前，须将管路连接器内的阀芯取下）。图5-27所示为将管路连接器插入工艺管口中。

电冰箱压缩机工艺管口与管路连接器焊接的准备操作完成后，便可进行焊接操作。

将焊枪发出的火焰对准工艺管口的焊接口，当接口处被加热至暗红色时，将焊条放置到焊口处，利用中性火焰的高温将焊条熔化，使其均匀地包围在接口焊接处（焊接前最好在焊

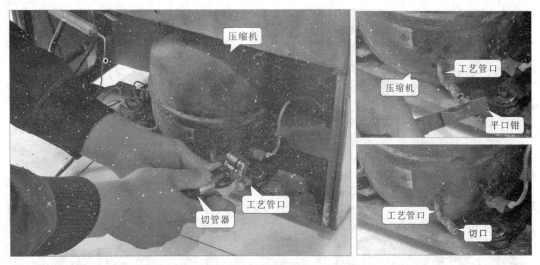

图 5-26　对压缩机工艺管口进行切割

图 5-27　将管路连接器插入工艺管口中

接位置后部放置隔离保护板，防止焊接火焰损坏其他部件）。移开焊枪，管路连接器与压缩机工艺管口的焊接完成。用管路连接器的螺母将阀芯装回管路连接器接口中，管路连接器与压缩机工艺管口最终焊接完成。如图 5-28 所示。

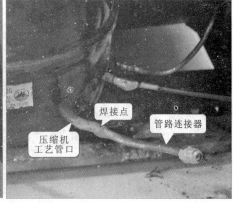

图 5-28　压缩机工艺管口与管路连接器的焊接操作

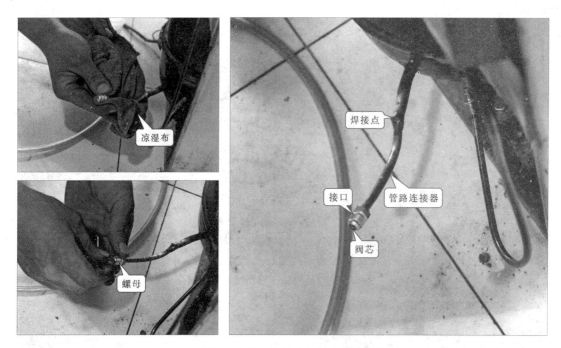

图 5-28 压缩机工艺管口与管路连接器的焊接操作（续）

（3）连接三通压力表阀

在充氮过程中，需要监测管路中的压力。三通压力表阀的作用就是时刻监测所连接管路系统中的压力变化。因此，在电冰箱充氮检漏时，连接三通压力表阀是必要的操作环节。

先用连接软管将带有阀针的英制连接头与管路连接器进行连接，再用连接软管另一端（公制不带阀针）与三通压力表阀阀门相对的接口连接（管路连接器的接口一般为英制），因此应用带英制连接头的软管连接。三通压力表阀的连接如图 5-29 所示。

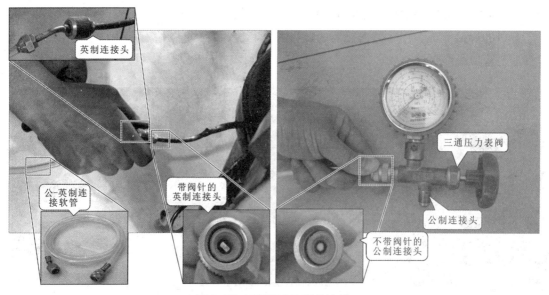

图 5-29 三通压力表阀的连接

【信息扩展】

电冰箱压缩机的工艺管口需焊接管路连接器后才可与连接软管进行连接，而管路连接器接头为英制接头，若检修过程中，手头只有公制连接软管，则无法进行连接，此时可用转接头（英制转公制转接头）进行转接后，再进行连接，如图5-30所示。

英制转接头的螺纹端与连接软管的公制连接头连接，即可将连接软管的连接头由公制转为英制。

公制转接头的螺纹端与连接软管的英制连接头连接，即可将连接软管的连接头由英制转为公制。

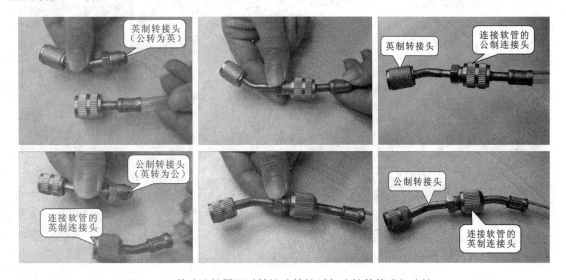

图5-30 管路连接器通过转接头转接后与连接软管进行连接

（4）连接氮气钢瓶及减压器

氮气钢瓶及减压器是充氮检漏操作中的关键设备。将三通压力表阀阀门对应的接口与管路连接器接好，用另一根连接软管将三通压力表阀表头相对的接口与氮气钢瓶上减压器出口连接（减压器一般直接旋紧在氮气钢瓶的接口上）。设备连接需牢固、准确，为下一步充氮检漏操作做好准备。

充氮设备的连接关系：压缩机工艺管口→管路连接器→连接软管→三通压力表阀→连接软管→减压器→氮气钢瓶。

三通压力表阀与减压器的连接方法如图5-31所示。

【要点提示】

连接好充氮用的各种设备后，便可开始进行充氮操作了。值得注意的是，在充氮时由于氮气钢瓶中的压力过大，需要利用减压器调节好氮气钢瓶排气口的压力，并且应使用充氮专用的高压连接软管与减压器连接。

充氮检漏系统的设备连接完成后，需要根据操作规范中要求的顺序打开各设备开关或阀门，进行充氮操作，如图5-32所示。

打开氮气钢瓶阀门，调整减压器上的调压手柄，使其出口约为0.8 MPa（一般在

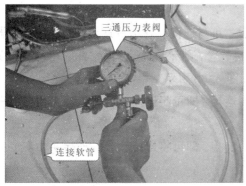

图 5-31 三通压力表阀与减压器的连接

0.5 ~ 1 MPa 之间即可）。打开三通压力表阀的阀门，使其处于三通状态。各设备均打开后，开始充入氮气。三通压力表阀显示充氮压力为 0.8 MPa 时为适中。氮气经连接软管、三通压力表阀、管路连接器、压缩机工艺管口送入电冰箱管路系统。

充氮一段时间后，电冰箱管路系统具备一定压力，一般当三通压力表阀指示在 0.6 MPa 时，即可停止充氮。关闭三通压力表阀阀门，取下与氮气钢瓶的连接关系，但仍保持三通压力表阀与电冰箱压缩机的连接关系，若一段时间后，若三通压力表阀显示压力维持在 0.6 MPa

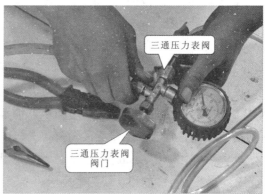

图 5-32 充氮的操作细节

充氮压力为
0.8MPa

氮气（N₂）

氮气钢瓶

氮气（N₂）

图 5-32 充氮的操作细节（续）

不变化，则说明管路中不存在泄漏点；若三通压力表阀显示的压力值逐渐变小，则说明管路存在泄露故障，应重点对管路的各个焊接接口部分进行检漏。图 5-33 所示为电冰箱管路系统中易发生泄漏故障的重点检查部位及检漏的操作细节。

检漏点 1：压缩机工艺管口与管路连接器焊接口处；

检漏点 2：压缩机排气口与冷凝器管口的焊接口；

检漏点 3：干燥过滤器与毛细管间的焊接口；

检漏点 4：干燥过滤器与冷凝器管口的焊接口；

检漏点 5：压缩机吸气口与蒸发器管口的焊接口。

将洗洁精与水按 1∶5 的比例放置在容器中进行调制，直至洗洁精水产生丰富泡沫，用蘸有泡沫的海绵或毛刷涂抹在各个管路焊接处（若检漏点出现冒泡现象，说明检漏点有泄漏故障）。

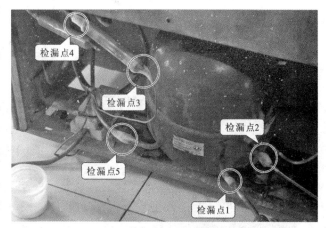

检漏点4

检漏点3

检漏点2

检漏点5

检漏点1

图 5-33 电冰箱管路系统易发生泄漏故障的重点检查部位及检漏的操作细节

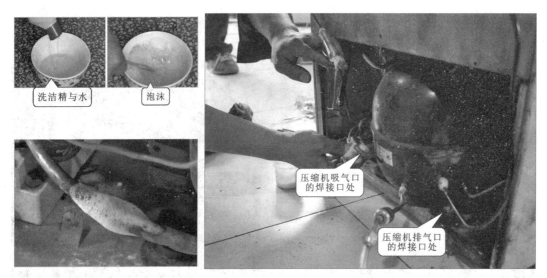

图 5-33 电冰箱管路系统易发生泄漏故障的重点检查部位及检漏的操作细节（续）

5.3.2 抽真空的操作方法

在新型电冰箱、空调器的管路检修中，特别是进行管路部件更换或切割开管路操作后，空气很容易进入管路中影响制冷效果。因此，在管路维修完成后，充注制冷剂之前，一定要对整体管路系统进行抽真空处理，以确保制冷管路中没有空气和水分。

图 5-34 所示为电冰箱抽真空设备连接关系示意图。抽真空的训练是在连接好抽真空设备后，将其与待测的电冰箱进行连接，也是通过电冰箱压缩机的工艺管口以便将待测电冰箱

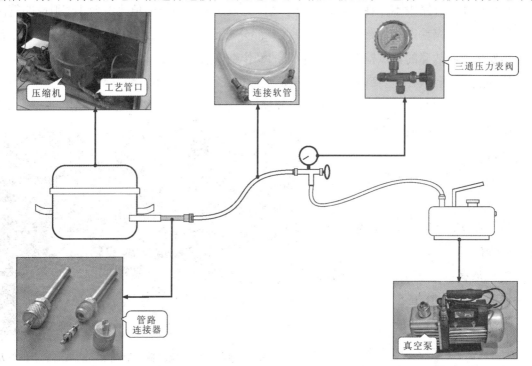

图 5-34 电冰箱抽真空设备连接关系示意图

中"抽"出空气和水分，完成抽真空操作。

通常将电冰箱抽真空设备的连接分为2步：

第1步，将三通压力表阀与压缩机工艺管口连接；

第2步，将三通压力表阀与真空泵连接。

（1）将三通压力表阀与压缩机工艺管口连接

与充氮设备连接时的前期准备工作相同，在连接三通压力表阀和压缩机工艺管口的过程中，应先在压缩机工艺管口处焊接管路连接器后，方可使用连接软管实现连接。

如图5-35所示，将连接软管的一端接在三通压力表阀阀门相对的接口（即与压缩机工艺管口连接的端口）上，将连接软管的另一端与压缩机工艺管口处焊接的管路连接器端相连。进行充氮检漏后，保留压缩机工艺管口与管路连接器、管路连接器与三通压力表阀的连接关系。

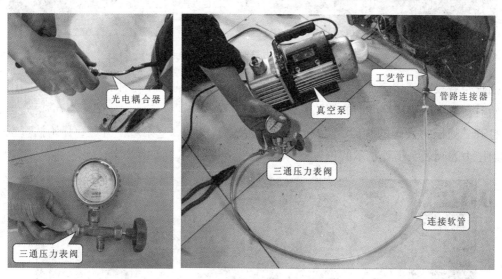

图5-35 三通压力表阀的连接

【信息扩展】

在电冰箱维修操作中，充氮检漏、抽真空、重新充注制冷剂是完成管路部分检修后的必需的、连续性的操作环节。

因此，当上一节介绍充氮检漏时，三通压力表阀阀门相对的接口已通过连接软管与管路连接器（焊接在压缩机工艺管口上）接好，操作完成后，只需将氮气钢瓶连同减压器取下即可，其他设备或部件仍保持连接，这样在下一个操作环节，相同连接步骤无须再次连接，可有效减少重复性的操作步骤，提高维修效率。

（2）将三通压力表阀与真空泵连接

真空泵是抽真空操作中的关键设备，用于将管路系统中的空气抽出，使管路系统呈真空状态，为下一环节充注制冷剂做好准备。

用另一根连接软管一端与三通压力表阀表头相对的接口进行连接，将连接软管的另一端与真空泵上的吸气口连接，抽真空操作中各设备或部件连接完成。三通压力表阀与真空泵的连接方法如图5-36所示。

图 5-36 三通压力表阀与真空泵的连接

抽真空各设备连接完成后，需要根据操作规范中要求的顺序打开各设备开关或阀门，然后开始对新型电冰箱或空调器的管路系统进行抽真空操作。操作示意如图 5-37 所示。

打开三通压力表阀的阀门，使其处于三通状态，按下真空泵电源开关，开始抽真空，观察三通压力表阀表头指针指示的位置。

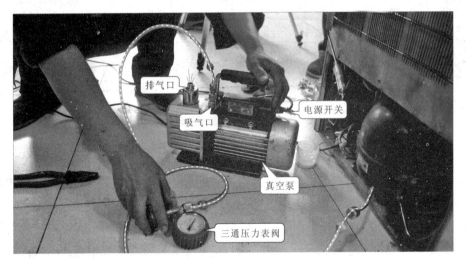

图 5-37 打开抽真空设备，并进行抽真空操作

【信息扩展】

在电冰箱抽真空操作中，若一直无法将管路中的压力抽至 −0.1 MPa，表明管路中存在泄漏点，应进行检漏修复。

在电冰箱抽真空操作结束后，可以保持三通压力表阀与工艺管口的连接状态，使电冰箱静止放置一段时间（2～5 h），然后观察三通压力表上的压力指示，正常情况下应为 −0.1 MPa 持续不变。

若放置一段时间后发现三通压力表阀压力变大或抽真空操作一直抽不到 –0.1 MPa 状态（压力发生变化），说明电冰箱的管路中存在轻微泄漏，应对管路进行检漏操作处理。若压力未发生变化，说明电冰箱管路系统无泄漏，便可进行充注制冷剂的操作了。

管路内抽真空后，按要求关闭抽真空设备。首先关闭三通压力表阀阀门，然后再关闭真空泵电源，取下真空泵上的连接软管，停止抽真空。如图 5–38 所示。

图 5–38　按要求关闭真空泵设备

5.3.3　充注制冷剂的操作方法

充注制冷剂是制冷设备制冷管路检修中重要的维修技能。制冷设备管路检修完毕，需要充注制冷剂。

【信息扩展】

充注制冷剂的量和类型一定要符合制冷设备的标称量，充入的量过多或过少均会对制冷设备的制冷效果产生影响。因此，在充注制冷剂前，可根据制冷设备上的铭牌标识或压缩机上的标识，了解制冷剂的类型和标称量，如图 5–39 所示。

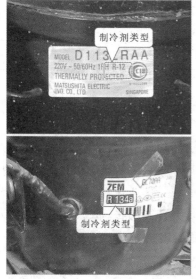

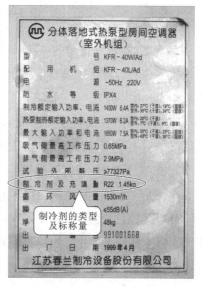

图 5–39　通过制冷设备的铭牌识别制冷剂的类型和标称量

下面以电冰箱 R-134a 制冷剂充注为例。在充注制冷剂操作前，应首先根据要求将相关的充注制冷剂设备进行连接，然后按照充注制冷剂的基本步骤操作，最后将压缩机工艺管口进行封口，完成制冷剂充注。

充注制冷剂设备主要指盛放制冷剂的钢瓶及相关的辅助设备，其作用是向制冷管路系统中充注适量的制冷剂。充注制冷剂设备有制冷剂钢瓶、连接软管、三通压力表阀等。图 5-40 所示为充注制冷剂设备连接关系示意图。充注制冷剂的训练是在连接好充注制冷剂设备后，将其与待修的电冰箱进行连接，通过电冰箱压缩机的工艺管口将制冷剂充入到电冰箱的制冷管路中，待电冰箱"充"入制冷剂，完成充注制冷剂操作。

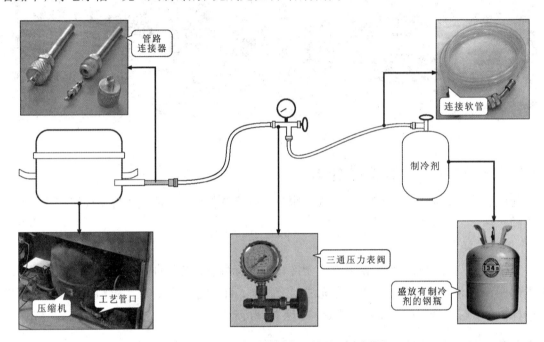

图 5-40 充注制冷剂设备连接关系示意图

在前面抽真空时，该连接软管已经连接好，为防止连接软管进入空气，在充注制冷剂前无须拔下该管，因此这里不需再次连接。通过连接软管将三通压力表阀表头相对的接口与制冷剂钢瓶连接。

充注制冷剂各设备连接完成后，需要根据操作规范要求的顺序打开各设备开关或阀门，然后开始对电冰箱管路系统充注制冷剂。

打开制冷剂钢瓶阀门使连接软管中的空气排出，打开三通压力表阀开始充注制冷剂，图 5-41 所示为充注制冷剂的基本操作顺序和方法示意图。

制冷剂充注完成后，按要求关闭阀门，如图 5-42 所示。充注完成后，依次关闭三通压力表阀、制冷剂钢瓶，并将制冷剂钢瓶连同连接软管与三通压力表阀分离，三通压力表阀仍与电冰箱压缩机工艺管口连接，进行保压测试。

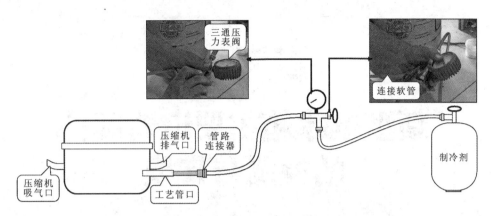

图 5-41　充注制冷剂的基本操作顺序和方法示意图

图 5-42　制冷剂充注完成后，按要求关闭阀门

第6章

新型电冰箱主要电器部件的检测与代换

6.1 新型电冰箱化霜定时器的检测与代换

化霜定时器是新型电冰箱进行化霜工作的主要部件,可对冷冻室的化霜工作进行控制,它主要用来对新型电冰箱冷冻室的化霜工作进行控制,图6-1所示为化霜定时器的实物外形。

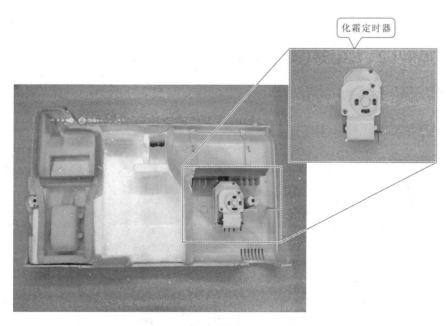

图6-1 化霜定时器的实物外形

图6-2所示为化霜定时器的内部结构。从图中可看到化霜定时器的定时旋钮、接线端引脚、触点、齿轮组、定时电动机部分。

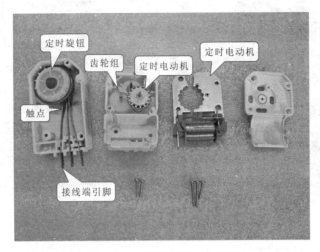

图6-2 化霜定时器的内部结构

图6-3所示为化霜定时器的工作原理。设定好化霜时间后，其内部电动机自动旋转，当到达设定时间时，其内部触点断开压缩机，接通化霜温控器。

化霜加热器紧贴在蒸发器上，当化霜加热器工作时，会对蒸发器进行加热。当加热器达到某一温度时，化霜温控器便会断开供电电路，反之当温度下降到某一温度时，化霜温控器再次闭合，使化霜加热器加热。当加热器出现过载现象时，化霜熔断器便会熔断，保护加热器不受损坏。

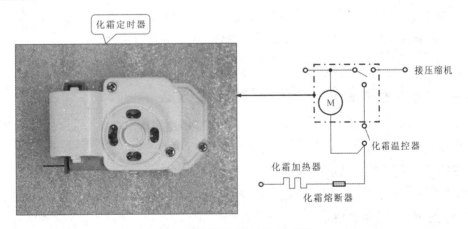

图6-3 化霜定时器的工作原理

6.1.1 新型电冰箱化霜定时器的检测方法

对于化霜定时器的检测，可使用万用表测量化霜定时器接线端引脚间的阻值，然后将万用表测量的实测值与正常值进行比较，即可完成对化霜定时器的检测。

1. 对化霜定时器旋钮及万用表挡位进行调整

将化霜定时器旋钮调至化霜位置，将万用表的挡位调至欧姆挡。（此万用表可自动调整量程，无须手动设置量程），如图6-4所示。

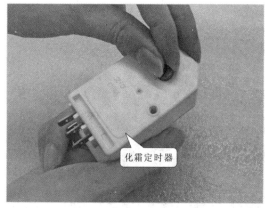

化霜定时器

图6-4 对化霜定时器旋钮及万用表挡位进行调整

【要点提示】

在对化霜定时器进行检测前，将化霜定时器旋钮调至化霜位置，使供电端和加热端的内部触点接通。

2. 对待测化霜定时器的供电端和压缩机端之间的阻值进行检测

将万用表的红、黑表笔分别搭在化霜定时器供电端和压缩机端两引脚上，正常情况下，万用表测得的阻值为无穷大，若阻值不正常，说明该器件损坏，应进行更换。（化霜定时器旋钮位于化霜位置，供电端和压缩机端触点断开）。

3. 对待测化霜定时器的供电端和加热端之间的阻值进行检测

将万用表的红、黑表笔分别搭在化霜定时器供电端和加热端两引脚上，正常情况下，万用表测得的阻值为零。若阻值不正常，说明该器件损坏，应进行更换。

6.1.2 新型电冰箱化霜定时器的代换方法

若化霜定时器损坏，新型电冰箱便不能进行正常化霜操作。这时，就需要根据损坏化霜定时器的型号、体积大小等选择适合的化霜定时器进行更换。

1. 对化霜定时器的护盖进行拆卸

首先使用十字旋具将护盖上的固定螺钉拧下，然后取下护盖上的控制旋钮，最后将护盖从电冰箱中取下，如图6-5所示。

2. 断开化霜定时器的连接引线

首先将护盖翻过来，可看到固定在护盖上的化霜定时器，注意记好引线与接线端引脚的对应，然后将化霜定时器的连接插件拔下，如图6-6所示。

3. 化霜定时器的拆卸

将连接插件全部拔下后，即可将护盖与变频电冰箱分离，首先使用旋具将化霜定时器的固定螺钉拧下，然后取下化霜定时器，如图6-7所示。

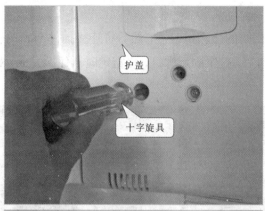
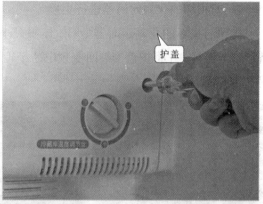

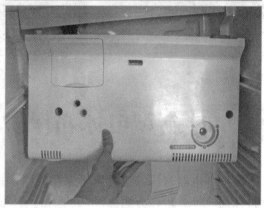

图 6-5　化霜定时器的护盖的拆卸

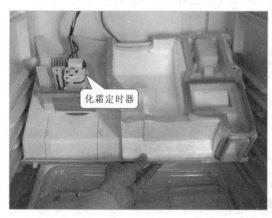
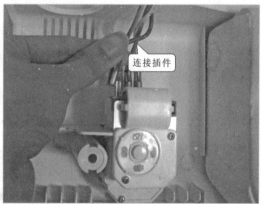

图 6-6　化霜定时器的引线拆卸

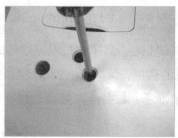

图 6-7　化霜定时器的拆卸

4. 对损坏的化霜定时器进行更换

找到与损坏的化霜定时器型号、体积大小相同的化霜定时器，然后将连接插件与新的化霜定时器连接，并将护盖安装回变频电冰箱箱壁上，拧紧固定螺钉，化霜定时器代换完成，如图 6-8 所示。

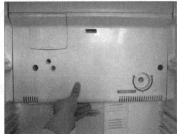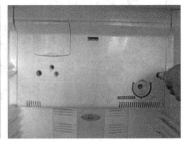

图 6-8 化霜定时器的代换

6.2 新型电冰箱保护继电器的检测与代换

保护继电器是压缩机的重要保护器件，一般安装在压缩机接线端子附近。当压缩机温度过高时，便会断开内部触点，控制电路检测到保护继电器的触点状态，就会切断压缩机的供电，对压缩机起到保护作用。图 6-9 所示为保护继电器的内部结构。

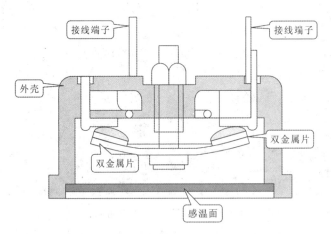

接线端子　接线端子

外壳

双金属片

双金属片

感温面

图 6-9 保护继电器的内部结构

保护继电器与压缩机的公共端相连，当压缩机温度过热时，保护继电器内部的双金属片受热，使触点断开，切断压缩机的供电，保护压缩机不受损坏。随着压缩机和保护继电器逐渐冷却，双金属片又恢复到原来形态，触点再次接通。保护继电器的结构和功能如图 6-10 所示。

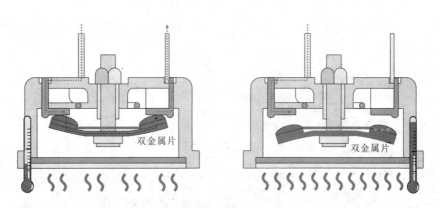

图 6-10 保护继电器的结构和功能

6.2.1 新型电冰箱保护继电器的检测方法

对于保护继电器的检测，可使用万用表测量待测保护继电器触点的阻值，然后将万用表测量的实测值与正常值进行比较，即可完成对保护继电器的检测。

1. 对常温状态下的待测保护继电器进行检测

将万用表的表笔分别搭在保护继电器的两引脚上，常温状态下万用表测得的阻值接近于零，若阻值过大，则保护继电器损坏，应进行更换，如图 6-11 所示。

图 6-11 常温状态下的保护继电器的检测

2. 对高温状态下的待测保护继电器进行检测

将万用表的表笔分别搭在保护继电器的两引脚上，电烙铁靠近保护继电器的底部，高温情况下，万用表测得的阻值应为无穷大，若不正常，则保护继电器损坏，应进行更换，如图 6-12 所示。

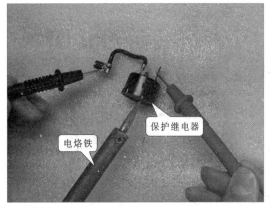

图 6-12 高温状态下保护继电器的检测

6.2.2 新型电冰箱保护继电器的代换方法

若保护继电器损坏，变频压缩机会出现不启动或过载烧毁的情况，此时需要根据损坏保护继电器的规格选择适合的保护继电器进行更换。

1. 保护继电器护盖的拆卸

保护继电器安装于压缩机外壳上，拆卸时使用一字旋具将保护继电器护盖上的金属卡扣撬开，并将金属卡扣取下，如图 6-13 所示。

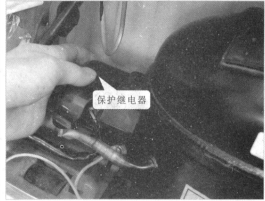

图 6-13 保护继电器护盖的拆卸

2. 损坏保护继电器的拆卸

首先使用一字旋具将保护继电器的固定金属片撬开，取下保护继电器，接着使用钳子将保护继电器与压缩机的连接插件拔下，即完成对保护继电器的拆卸，如图 6-14 所示。

3. 对损坏的保护继电器进行更换

首先将新的保护继电器安装回原位置，使用钳子将保护继电器上的连接插件与压缩机相连；然后将保护继电器的护盖盖上，安装好金属卡扣，完成保护继电器的代换，如图 6-15 所示。

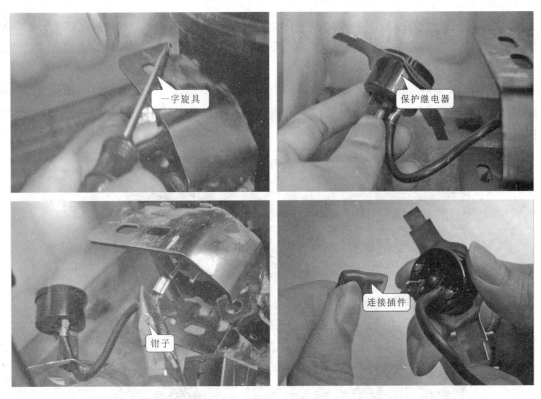

图 6-14 保护继电器的拆卸

图 6-15 保护继电器的代换

6.3 新型电冰箱温度传感器的检测与代换

新型电冰箱通常采用温度传感器（热敏电阻）对箱室温度、环境温度进行检测，控制电路根据温度对新型电冰箱的制冷进行控制。图 6-16 所示为新型电冰箱温度传感器的实物外形。

图 6-16 新型电冰箱温度传感器的实物外形

图 6-17 所示为典型变频空调器的温度检测电路。该电路主要由温度传感器、微处理器

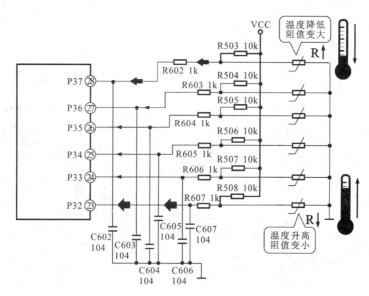

图 6-17 典型变频空调器的温度检测电路

以及外围电子元器件构成。这些温度传感器采用负温度系数热敏电阻，当某一箱室内温度降低，该箱室的温度传感器自身阻值上升，送入微处理器的电压值便会降低；当箱室内温度升高，温度传感器自身阻值降低，送入微处理器的电压值便会升高。微处理器对电压信号进行识别，自动调整新型电冰箱的制冷温度，使电冰箱处于恒温制冷模式下，从而实现变频空调器的自动控温功能。

【信息扩展】

温度传感器所使用的热敏电阻，可分为正温度系数热敏电阻和负温度系数热敏电阻。其中正温度系数热敏电阻的温度升高时，其阻值也会升高，温度降低时，其阻值也会降低；而负温度系数热敏电阻正好相反，当其温度升高时，阻值便会降低，当温度降低时，阻值便会升高。

6.3.1 新型电冰箱温度传感器的检测方法

对于温度传感器的检测，可使用万用表测量温度传感器在不同温度下的阻值，然后将万用表测量的实测值与正常值进行比较，即可完成对温度传感器的检测。

1. 对放在冷水中的温度传感器阻值进行检测

首先将温度传感器放入冷水中，然后分别将红、黑表笔搭在该温度传感器插件的对应两引脚上，如图 6-18 所示。正常情况下，万用表测得的阻值应比常温状态下大，若阻值无变化或变化量很小，说明该温度传感器可能已损坏。

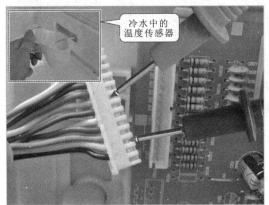

图 6-18 冷水中的温度传感器阻值的检测

2. 对放在热水中的温度传感器阻值进行检测

首先将温度传感器放入热水中，然后分别将红、黑表笔搭在该温度传感器插件的对应两引脚上，如图 6-19 所示。正常情况下，万用表测得的阻值应比常温状态下小，若阻值无变化或变化量很小，说明该温度传感器可能已损坏。

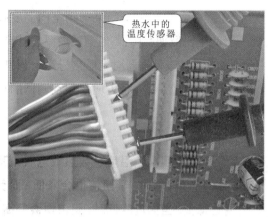

图 6-19 热水中的温度传感器阻值的检测

6.3.2 新型电冰箱温度传感器的代换方法

若温度传感器损坏，新型电冰箱的制冷会出现异常情况，此时需要根据损坏的温度传感器的规格选择适合的元件进行更换。

1. 损坏温度传感器的拆卸

首先将温度传感器的护盖从箱壁上拆下，再将温度传感器从护盖上取下，然后再使用偏口钳剪断损坏温度传感器的引线，便可将温度传感器取下，如图 6-20 所示。

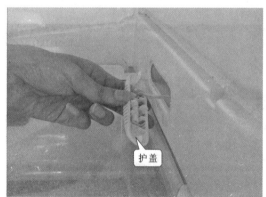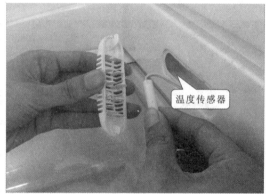

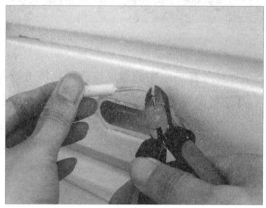

图 6- 20 温度传感器的拆卸

2. 对损坏的温度传感器进行更换

首先找到相同规格的传感器，将新温度传感器的引线与电冰箱的引线连接在一起，在引线连接位置缠好绝缘黑胶布；然后将新温度传感器固定到护盖卡槽中，再将护盖安装到箱壁上，完成温度传感器的代换，如图6-21所示。

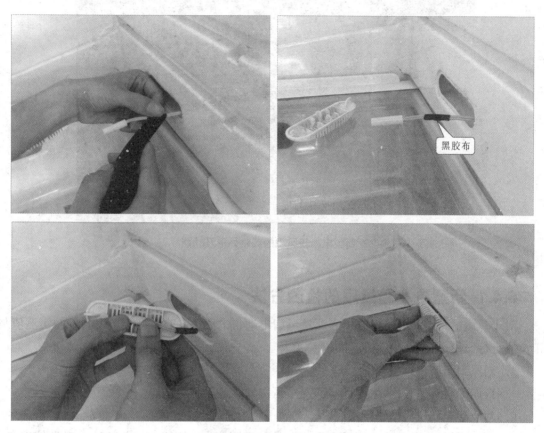

图6-21 温度传感器的代换

6.4 新型电冰箱风扇的检测与代换

风扇是新型电冰箱中的组成部件之一，通常安装在蒸发器附近，通过强制箱室内空气对流的方式，加速冷气循环。图6-22所示为新型电冰箱风扇的实物外形及功能。风扇通电后，带动箱室内的空气强制循环，将蒸发器附近的冷气吹出，与箱室内的空气形成对流，加速制冷效率。

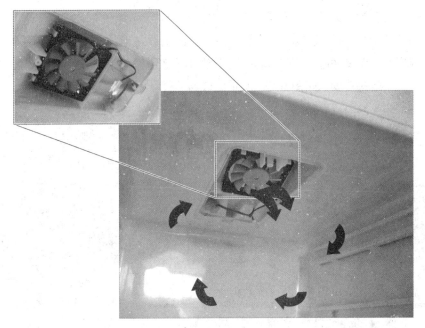

图 6-22 新型电冰箱风扇的实物外形及功能

6.4.1 新型电冰箱风扇的检测方法

对于风扇的检测，可使用万用表测量风扇电动机的阻值，然后将万用表测量的实测值与正常值进行比较，根据对比结果判断风扇好坏。

1. 对风扇扇叶进行检查

检查连接线有无破损、接头有无变形、风扇扇叶有无脏污损坏。

2. 对风扇电动机阻值进行检测

将万用表的红、黑表笔分别搭在风扇插件的两引脚上，如图 6-23 所示。正常情况下，万用表可测得一定的阻值，若阻值为无穷大或零，说明风扇电动机已损坏，需对其进行更换。

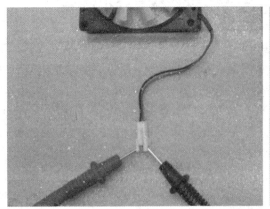

图 6-23 风扇电动机阻值的检测

6.4.2 新型电冰箱风扇的代换方法

若风扇损坏，新型电冰箱的制冷将会出现异常，此时需要根据损坏风扇的型号、规格选择适合的器件进行更换。

1. 损坏风扇的拆卸

首先使用旋具拧下风扇护盖的固定螺钉，将风扇护盖拆下，然后拔下风扇的连接插件，最后拔开两个固定卡扣，取下风扇，如图6-24所示。

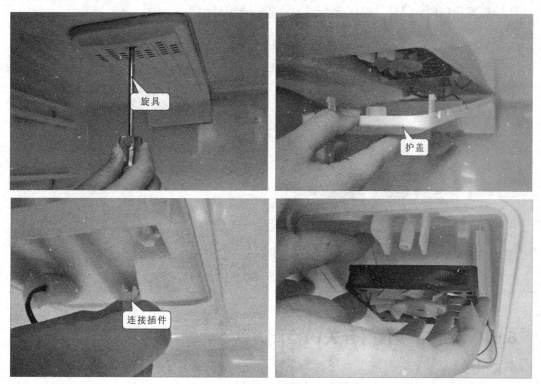

图6-24　风扇的拆卸

2. 损坏风扇的更换

首先将新的风扇固定到箱室的顶部，连接好插件，然后将护盖安装回原位置，拧紧护盖上的固定螺钉，完成风扇的代换，如图6-25所示。

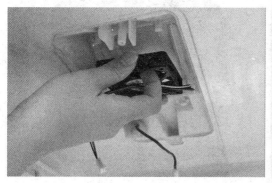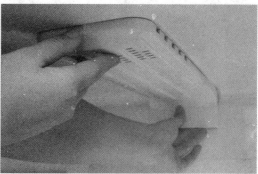

图6-25　风扇的代换

6.5　新型电冰箱门开关的检测与代换

门开关是新型电冰箱中的一种控制部件，它安装在冷藏室箱壁上，用来检测箱门的打开／关闭。图6-26所示为新型电冰箱门开关的实物外形及功能。门开关与照明灯串联，对照明灯的供电进行控制。当打开冷藏室箱门时，门开关按压部分弹起，内部触点闭合，照明灯点亮；当关闭冷藏室箱门时，门开关按压部分受力压紧，照明灯熄灭。

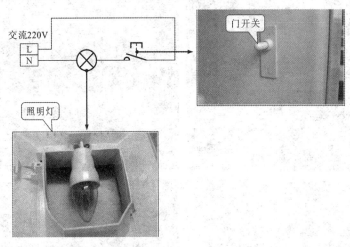

图6-26　新型电冰箱门开关的实物外形及功能

6.5.1　新型电冰箱门开关的检测方法

对于门开关的检测，可使用万用表测量门开关两种状态下的阻值，然后将万用表测量的实测值与正常值进行比较，即可完成对门开关的检测。

1. 对未按压状态下的门开关阻值进行检测

将万用表的表笔分别搭在门开关的两引脚上，未按压情况下，门开关的阻值应为零。若测得的阻值很大，说明门开关损坏，需对其进行更换，如图6-27所示。

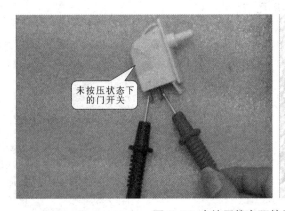

图6-27　未按压状态下的门开关阻值的检测

2. 对按压状态下的门开关阻值进行检测

将万用表的表笔分别搭在门开关的两引脚上，按压情况下，门开关的阻值应为无穷大。若测得的阻值很小，说明门开关损坏，需对其进行更换。

6.5.2 新型电冰箱门开关的代换方法

若门开关损坏，新型电冰箱的照明灯出现异常，此时需要选用相同大小、规格的器件进行更换。

1. 损坏门开关的拆卸

首先使用一字旋具将门开关从箱壁上撬下，然后将门开关与连接线缆一起拽出箱壁，最后将连接线缆从门开关上拔下，如图6-28所示。

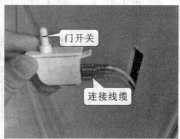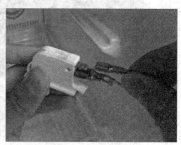

图6-28 门开关的拆卸

2. 损坏门开关的更换

首先将线缆插接到新的门开关的引脚上，再将新的门开关安装回原位置完成更换。

6.6 新型电冰箱压缩机的检测与代换

压缩机在电路的控制下，对制冷剂进行压缩，为电冰箱整机的制冷剂循环提供动力。通常新型电冰箱压缩机均采用往复活塞式压缩机，这种压缩机的电动机采用变频驱动形式。图6-29所示为新型电冰箱压缩机的内部结构。

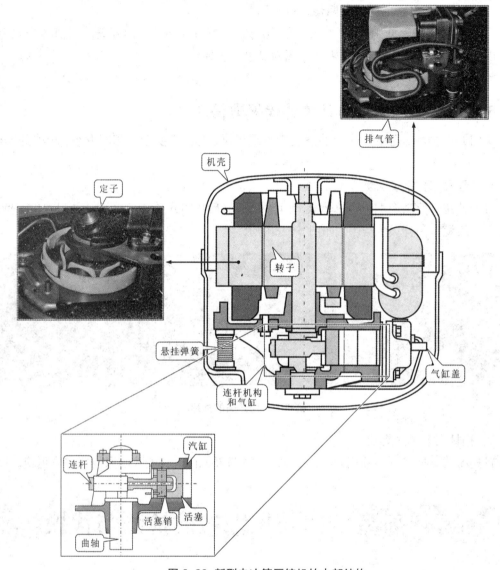

图 6-29 新型电冰箱压缩机的内部结构

6.6.1 新型电冰箱压缩机的检测方法

对于压缩机的检测，可使用万用表测量待测压缩机三个接线端之间的阻值，然后将万用表测量的实测值与正常值进行比较，即可完成对压缩机的检测。

1. 检测压缩机的一组接线端之间的阻值

将万用表的红、黑表笔分别搭在压缩机的 U-V 两接线端上，如图 6-30 所示。正常情况下，万用表可测得一定的阻值，若阻值为零或无穷大，说明压缩机损坏，需进行更换。

2. 检测压缩机的另两组接线端之间的阻值

将万用表的红、黑表笔分别搭在压缩机的 U-W 和 V-W 两组绕组接线端上，正常情况下，三组绕组之间的阻值应相同，若阻值差别较大，说明压缩机损坏，需进行更换。

图 6-30 压缩机一组接线端之间的阻值检测

6.6.2 新型电冰箱压缩机的代换方法

若电冰箱中的压缩机损坏，需要选用型号相同的压缩机进行代换，通常压缩机固定在电冰箱的底部，与制冷管路相连接，因此，拆卸压缩机首先将管路断开，然后再设法将压缩机取出。

1. 对损坏的变频压缩机管路进行拆焊

首先将点燃的焊枪对准压缩机排气口的焊接部位进行加热，待加热一段时间后，用钳子将排气口与冷凝器管路分离，如图 6-31 所示。

图 6-31 对排气口焊接部位加热及与冷凝器管路的分离

然后再将焊枪对准压缩机吸气口的焊接部位进行加热，待加热一段时间后，用钳子将吸气口与蒸发器管路分离，如图 6-32 所示。

2. 从新型电冰箱中取下损坏的压缩机

用扳手将压缩机与电冰箱底板固定的四个螺栓拧下，将损坏的压缩机从电冰箱底部取出，如图 6-33 所示。

3. 新的压缩机的固定

首先将准备好代换的压缩机放置在压缩机的安装位置处，然后调整压缩机位置，使压缩

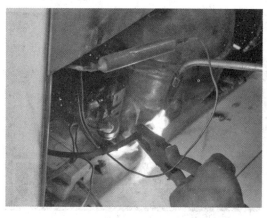

图 6-32 对吸气口焊接部位加热及与蒸发器管路的分离

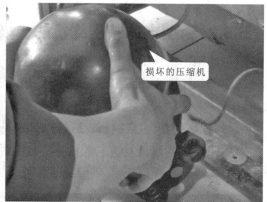

图 6-33 压缩机底部螺栓的拆卸

机底座固定孔对准电冰箱底板上的固定孔,如图 6-34 所示。

图 6-34 调整压缩机位置并对准底座与电冰箱底板的固定孔

将螺栓插入固定孔中,用扳手将螺栓拧紧,固定压缩机,如图 6-35 所示。

4. 焊接新的压缩机管路与蒸发器引出管路

首先使用切管器将蒸发器与压缩机焊接处管路的不规整部分切除,再将加工完成的蒸发

图 6-35　新的压缩机固定到电冰箱底部

器管路插入到压缩机的吸气口中，如图 6-36 所示。

加工完成的
蒸发器管路

图 6-36　蒸发器管路的加工及插入压缩机吸气口

　　用钳子夹住蒸发器排气口管路，然后用点燃的焊枪火焰对准蒸发器与压缩机吸气口的焊接处进行加热。当焊接处铜管被加热至暗红色时，将焊条放置到焊口处，使熔化的焊条均匀地包围在焊接口处，如图 6-37 所示。

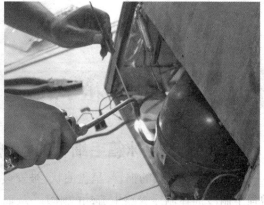

图 6-37　压缩机管路与蒸发器管路的焊接

5. 焊接新的压缩机管路与冷凝器引出管路

首先用切管器将冷凝器与压缩机焊接处的不规整部分切除；然后用钳子夹住冷凝器加工完成的管口，将其插入到压缩机的排气口中，如图 6-38 所示。

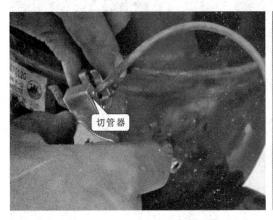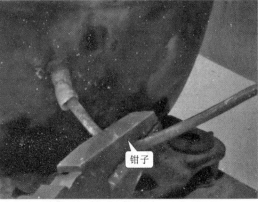

图 6-38 冷凝器管的加工及插入排气口

点燃的焊枪火焰对准冷凝器与压缩机排气口的焊接处进行加热，当焊接处铜管被加热至暗红色时，将焊条放置到焊口处，熔化的焊条均匀地包围在焊接口处，如图 6-39 所示。至此，新的压缩机的代换完成。

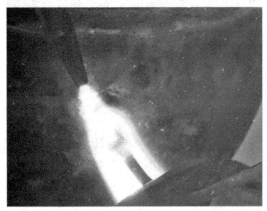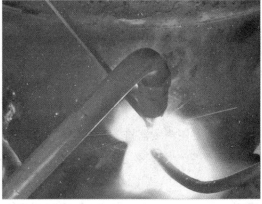

图 6-39 压缩机管路与冷凝器管路的焊接

6.7 新型电冰箱节流及闸阀组件的检测与代换

6.7.1 新型电冰箱毛细管的检测与代换

毛细管是非常细的铜管，呈盘曲状，被安装在干燥过滤器和蒸发器之间，毛细管又细又长，增强了制冷剂在制冷管路中流动的阻力，从而起到节流降压作用。当电冰箱停止运转后，毛细管能够均衡制冷管路中的压力，使高压管路和低压管路趋向平衡状态，便于下次启动。毛细管的结构和功能如图 6-40 所示。

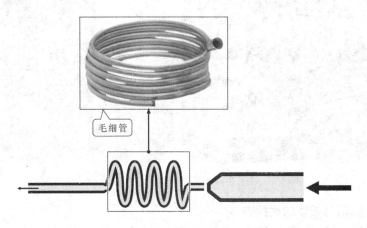

图 6-40 毛细管的结构和功能

1. 新型电冰箱毛细管的检测方法

若新型电冰箱压缩机处于工作状态，无法停机，倾听蒸发器，没有制冷剂流动的声音，过一段时间开始结霜，触摸冷凝器不热，则怀疑毛细管堵塞。常见的毛细管堵塞有脏堵和冰堵两种情形。

（1）检测毛细管是否脏堵

首先用手触摸干燥过滤器与毛细管的接口处，感觉温度与室温差不多或低于室温，初步确定毛细管脏堵，然后将毛细管与干燥过滤器的连接处用气焊设备焊开，若有大量制冷剂从干燥过滤器中喷出，可进一步确定毛细管脏堵。若毛细管阻塞严重，应进行更换，如图 6-41 所示。

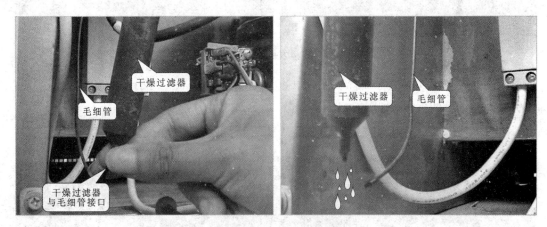

图 6-41 毛细管脏堵的检测

（2）检测毛细管是否冰堵

首先使用功率较大的电吹风机对着干燥过滤器和毛细管接口处加热，然后用锤子不停地轻轻敲打加热部位，可消除冰堵故障。若毛细管堵塞严重，应进行更换，如图 6-42 所示。

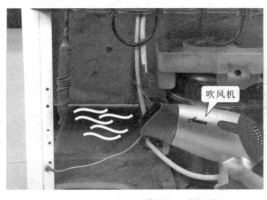
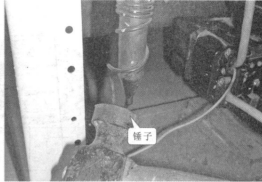

图 6-42 毛细管冰堵的检测

2. 新型电冰箱毛细管的代换方法

（1）对损坏的毛细管进行拆卸

首先使用气焊设备将毛细管与干燥过滤器的焊接处焊开，将与毛细管相连的蒸发器从冷冻室中取出，如图 6-43 所示。

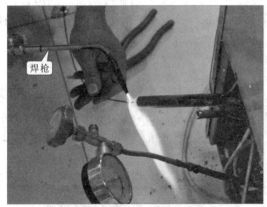

图 6-43 将蒸发器从冷冻室取出

然后将与蒸发器连接的毛细管从箱体中抽出，最后用钳子将毛细管与蒸发器连接处剪断，即可完成对毛细管的拆卸，如图 6-44 所示。

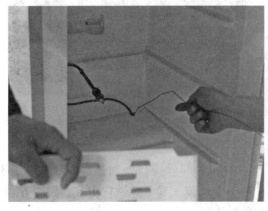

图 6-44 抽出毛细管并剪断与蒸发器的连接处

（2）焊接新毛细管与干燥过滤器

首先将新毛细管从箱体中穿出，然后将穿出的毛细管与干燥过滤器进行焊接，如图6-45所示。

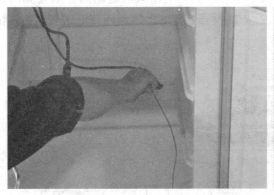
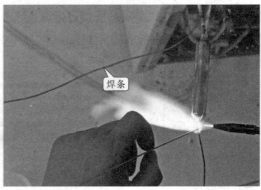

图6-45 毛细管与干燥过滤器的焊接

（3）焊接新毛细管与蒸发器

首先使用切管器将蒸发器的管口修剪平整，然后将新的毛细管与加工过的蒸发器管口进行连接，如图6-46所示。接着用钳子夹住毛细管与蒸发器的连接处，用焊枪将其焊接，如图6-47所示。

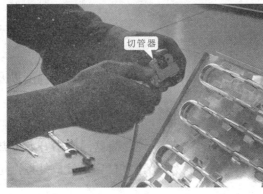
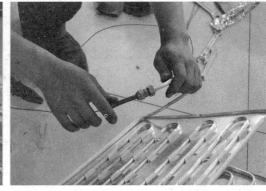

图6-46 新毛细管与加工过的蒸发器管口的连接

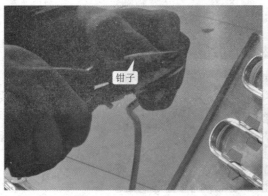
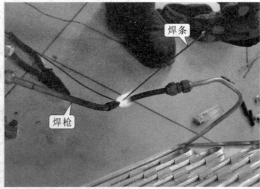

图6-47 毛细管与蒸发器的焊接

6.7.2 新型电冰箱干燥过滤器的检测与代换

干燥过滤器是新型电冰箱中的过滤器件，主要用于吸附和过滤制冷管路中的水分和杂质，入口端过滤网（粗金属网），用于将制冷剂中的杂质粗略滤除，出口端过滤网（细金属网），用于滤除制冷剂中的杂质。干燥过滤器的入口端与冷凝器相连，出口端连接毛细管，安装位置多位于变频压缩机的旁边，如图6-48所示。

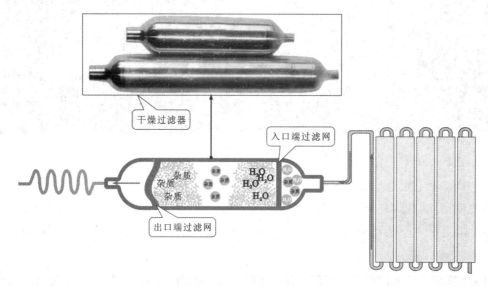

图 6-48 干燥过滤器的结构和功能

1. 新型电冰箱干燥过滤器的检测方法

对干燥过滤器的检测，可通过倾听蒸发器和压缩机的运行声音、触摸冷凝器的温度以及观察干燥过滤器表面是否结霜进行判断。

（1）通过冷凝器检测干燥过滤器

将电冰箱启动，待压缩机运转工作后，用手触摸冷凝器，若发现冷凝器温度由开始发热而逐渐变凉，则说明干燥过滤器有故障。正常情况下冷凝器温度由进气口到出气口处逐渐递减，如图6-49所示。

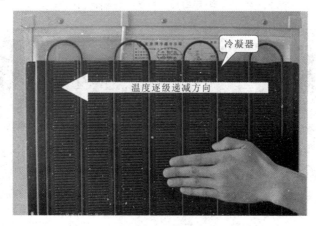

图 6-49 通过冷凝器检测干燥过滤器

（2）通过蒸发器检测干燥过滤器

启动电冰箱，倾听蒸发器和压缩机运行时的声音，若没有听到蒸发器中的制冷剂流动时发出的嘶嘶声，只听见压缩机发出的沉闷噪声，说明干燥过滤器有脏堵故障。

（3）观察当前待测干燥过滤器的状态

打开电冰箱底部挡板，检查干燥过滤器，若其表面有明显结霜情况，说明干燥过滤器有冰堵故障，如图 6-50 所示。

图 6-50　观察当前待测干燥过滤器的状态

2. 新型电冰箱干燥过滤器的代换方法

若干燥过滤器损坏，容易造成制冷系统堵塞，此时就需要根据损坏干燥过滤器的大小选择同规格的干燥过滤器进行更换。

（1）拆焊损坏的干燥过滤器

首先将焊枪火焰对准干燥过滤器与毛细管的焊接处，利用中性火焰将干燥过滤器与毛细管分离；接着将火焰对准干燥过滤器与冷凝器管路的焊接处，用钳子夹住损坏的干燥过滤器，利用中性火焰将干燥过滤器与冷凝器管路分离，如图 6-51 所示。

图 6-51　干燥过滤器的拆焊

【要点提示】

将损坏的干燥过滤器拆下后，应对冷凝器和毛细管的管口进行切管处理，确保连接管口平整光滑，然后再安装焊接新的干燥过滤器，否则极易造成管路堵塞。

（2）将新的干燥过滤器与冷凝器管路对插

首先用钳子夹住冷凝器出气口管路稍加弯曲，使其便于干燥过滤器的安装；然后拆开新的干燥过滤器的包装；最后将干燥过滤器的入口端与冷凝器出气口管路对插，如图 6-52 所示。

图 6-52 将新的干燥过滤器与冷凝器管路对插

【要点提示】

干燥过滤器采用密封包装，在使用前不要过早拆开，以免空气中的水分侵入干燥过滤器，影响其效果。

（3）焊接干燥过滤器与冷凝器管路

点燃焊枪，焊枪火焰对准干燥过滤器与冷凝器出气口管路的焊接处，当焊接处被加热至暗红色时，将焊条放置到焊口处，熔化的焊条均匀地包围在焊接口处，完成干燥过滤器与冷凝器出气口管路的焊接，如图 6-53 所示。

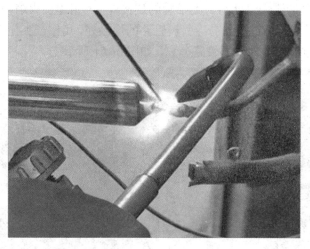

图 6-53 对干燥过滤器与冷凝器的焊接

（4）焊接干燥过滤器与毛细管

将焊枪火焰对准干燥过滤器与毛细管的连接处，当焊接处被加热至暗红色时，将焊条放置到焊口处，熔化的焊条均匀地包围在焊接口处，完成干燥过滤器与毛细管的焊接；将毛细管插入到干燥过滤器的出口端，插入时不要碰触到干燥过滤器的过滤网，一般插入深度为1 cm 左右，如图 6-54 所示。

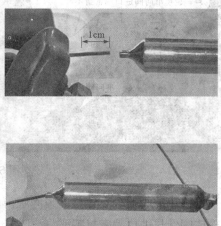

图 6-54 干燥过滤器与毛细管的焊接

6.7.3　新型电冰箱单向阀的检测与代换

单向阀可以有效地防止压缩机在停机时，其内部大量的高温高压蒸汽倒流向蒸发器，使蒸发器升温，导致制冷效率降低。同时可使压缩机停转时制冷管路内部的高、低压能迅速平衡，以便再次启动。

因此，单向阀的主要特点是限制制冷剂的流向，只允许向一个方向流动，而不允许反向流动。通常情况下，单向阀的表面都有方向标识，如图 6-55 所示。

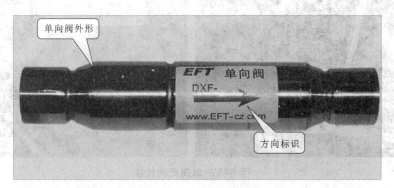

图 6-55 单向阀及其标识

1. 新型电冰箱单向阀的检测方法

单向阀常出现的故障主要有始终接通和始终截止两种现象。其中，始终接通时，虽然电冰箱的制冷正常，但压缩机的运转时间过长；而始终截止则导致制冷剂不流通，电冰箱出现不制冷故障，单向阀的损坏主要由阀珠或阀针与进口端密封不严所引起，造成阀门失灵。

在对单向阀进行检测时，主要是对单向阀的密封性进行检查，如图6-56所示。

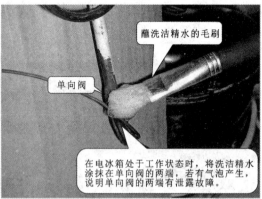

图6-56 单向阀的检测

检修单向阀时，在停机的瞬间触摸单向阀的进口端有温感，或倾听时有气流声，则说明阀珠或阀针与进口端密封不严。

若单向阀密封不严可使用酒精和氮气进行清洗单向阀，即使用酒精清洗后再使用氮气吹冲干燥的方法排除单向阀密封不严的故障。若无法排除单向阀密封不严的故障，则需要将单向阀进行更换。

2. 新型电冰箱单向阀的代换方法

经检测单向阀有故障时，需要对单向阀进行代换。代换单向阀时需要使用气焊设备进行焊接，因此代换前应先将压缩机的启动继电器取下（单向阀与压缩机启动继电器部分距离较近），防止在代换单向阀时将压缩机启动部件和引线烧坏。然后再使用焊枪焊开单向阀两端的管路，将单向阀取下并更换。操作如图6-57所示。

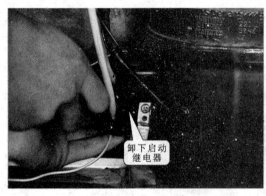
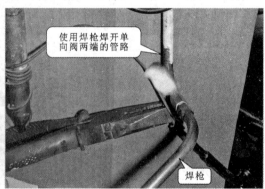

图6-57 单向阀的代换

【要点提示】

在代换新的单向阀时，应注意单向阀表面的方向标识，按正确方向进行连接安装，防止将单向阀接反。

第 7 章

新型空调器主要电器部件的检测与代换

7.1 新型空调器风扇组件的检测与代换

新型空调器的风扇组件主要包括贯流风扇组件、导风板组件和轴流风扇组件。其中，贯流风扇组件和轴流风扇组件主要用来强制加速空气对流，提高冷凝器和蒸发器的热交换量。而导风板组件主要用来控制新型空调器的出风方向，使室内温度均匀下降。

7.1.1 新型空调器贯流风扇组件的检测与代换

新型空调器贯流风扇组件主要用于实现室内空气的强制循环对流，使室内空气进行热交换。贯流风扇组件主要由贯流风扇扇叶和贯流风扇驱动电动机两部分构成，其中贯流风扇扇叶结构紧凑、风量大、噪声小，可以把气体以无涡旋的形式吹到房间中，贯流风扇驱动电动机有两组引线，一组是用于速度检测的霍尔元件引线，另一组为电动机的驱动绕组引线，如图7-1 所示。

1. 贯流风扇组件的检测方法

对于贯流风扇组件的检修，应首先检查贯流风扇扇叶是否变形损坏。若无机械故障，再对贯流风扇驱动电动机（电动机绕组、霍尔元件）进行检查。

（1）贯流风扇扇叶的检查

首先检查贯流风扇扇叶的外观有无破损、变形或脏污的现象，若经检查有脏污，则应使

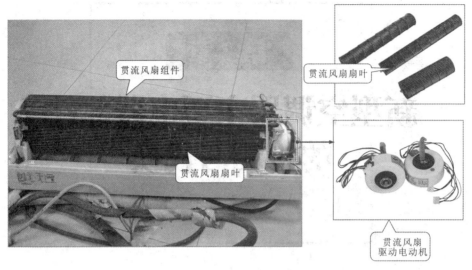

图 7-1 贯流风扇组件

用清洁刷对贯流风扇扇叶进行清洁，如图 7-2 所示。

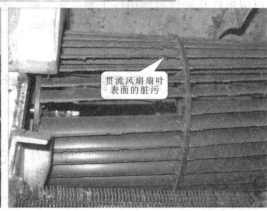

图 7-2 贯流风扇扇叶的检查

（2）对贯流风扇驱动电动机的绕组进行检测

将万用表红表笔搭在电动机连接插件的②脚上，黑表笔搭在电动机连接插件的①脚上。将万用表挡位调至"×100"欧姆挡。正常情况下，万用表检测到①脚、②脚间阻值为750 Ω，测得②脚、③脚之间与①脚、③脚之间的阻值均为350 Ω。若检测到的阻值为零或无穷大,说明该贯流风扇驱动电动机损坏,需进行更换;若经检测正常,则应进一步对其内部霍尔元件进行检测,如图7-3所示。

图7-3 检测驱动电动机绕组阻值

(3) 对霍尔元件进行检测

将万用表红表笔搭在霍尔元件连接插件的①脚上,黑表笔搭在霍尔元件连接插件的③脚上,将万用表量程调至"×100"欧姆挡。正常情况下,万用表检测到①脚、③脚间阻值为600 Ω,测得①脚、②脚之间的阻值为2000 Ω,②脚、③脚之间的阻值为3050 Ω,若检测到的阻值为零或无穷大,则说明该驱动电动机的霍尔元件损坏,需整体更换电动机,如图7-4所示。

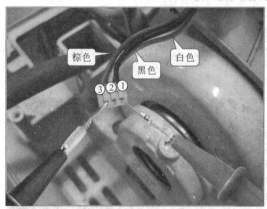

图7-4 检测霍尔元件阻值

2. 贯流风扇组件的代换方法

若经过检测确定为贯流风扇组件损坏而引起的新型空调器故障,则需要对损坏的贯流风扇组件进行更换,在代换之前需要将损坏的贯流风扇组件拆卸。

(1) 对贯流风扇组件与其他部件之间的连接插件以及蒸发器进行拆卸

首先将贯流风扇驱动电动机与电路板之间的供电插件拔下,然后将贯流风扇驱动电动机内霍尔元件与电路板的连接插件拔下，最后将蒸发器从贯流风扇的上方取下，蒸发器位于贯流风扇组件上方，因此需先将其取下，才可看到贯流风扇组件，如图 7-5 所示。

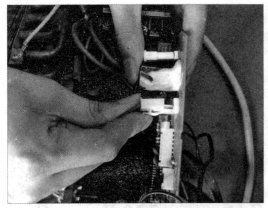
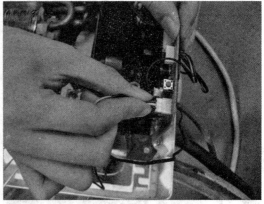

图 7-5　连接插件以及蒸发器的拆卸

（2）取下贯流风扇驱动电动机的固定支架

首先找到贯流风扇驱动电动机固定支架上的固定螺钉，然后使用旋具将固定螺钉取下，最后取下固定支架，如图 7-6 所示。

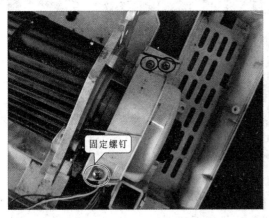

图 7-6　固定支架的拆卸

图7-6 固定支架的拆卸（续）

（3）取下贯流风扇驱动电动机

首先取出贯流风扇组件，并找到驱动电动机与扇叶之间的固定螺钉，然后选择大小合适的内六角扳手将固定螺钉拧下，并取下驱动电动机，如图7-7所示。

图7-7 贯流风扇驱动电动机的拆卸

（4）选择代换用的贯流风扇驱动电动机

应选用与原贯流风扇驱动电动机同规格的电动机进行代换，如图7-8所示。

（5）将新贯流风扇驱动电动机与贯流风扇扇叶连接固定

将新的贯流风扇驱动电动机与贯流风扇扇叶进行连接，然后使用内六角扳手将贯流风扇驱动电动机与贯流风扇扇叶固定，如图7-9所示。

（6）连接新贯流风扇驱动电动机与电路板

将固定贯流风扇驱动电动机的支架安装好并进行固定，然后将贯流风扇驱动电动机的连接插件与电路板进行连接，并通电运行，若贯流风扇转动正常，则完成代换，如图7-10所示。

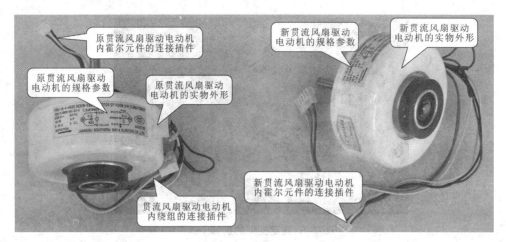

图 7-8 贯流风扇驱动电动机的选择

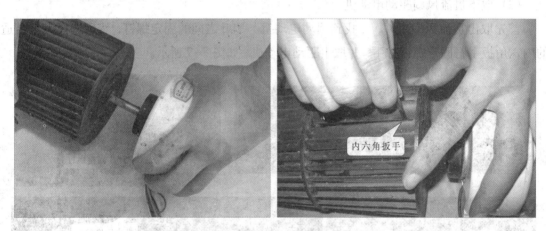

图 7-9 新贯流风扇驱动电动机与扇叶的固定

图 7-10 连接新贯流风扇驱动电动机与电路板

【要点提示】

若经检查，贯流风扇扇叶存在严重损坏，则需进行代换；若扇叶脏污严重，则需对扇叶进行清洁处理，其安装方法在贯流风扇驱动电动机的代换方法中已体现。

7.1.2 新型空调器轴流风扇组件的检测与代换

新型空调器的轴流风扇组件主要是由轴流风扇扇叶、轴流风扇驱动电动机以及轴流风扇启动电容组成。取下轴流风扇扇叶即可看到轴流风扇驱动电动机，轴流风扇启动电容的体积比较小，属于抗干扰型电容，轴流风扇组件工作时，轴流风扇扇叶推动空气，产生与轴相同方向流动的气流，如图7-11所示。

图 7-11 轴流风扇组件

轴流风扇驱动电动机（电容感应式驱动电动机）有两个绕组，即启动绕组和运行绕组。轴流风扇驱动电动机带动轴流风扇扇叶转动，从而产生气流，将冷凝器散发的热量带走，加速冷凝器散热，如图7-12所示。

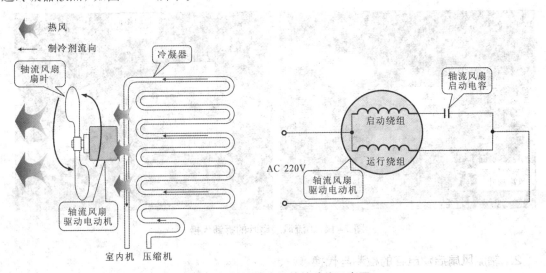

图 7-12 轴流风扇组件的功能示意图

1. 轴流风扇扇叶的检测与代换

轴流风扇组件放置在室外，容易堆积大量的灰尘，若有异物进入极易卡住轴流风扇扇叶，导致轴流风扇扇叶运转异常。检修前，可先将轴流风扇组件上的异物进行清理。若轴流风扇扇叶由于变形而无法运转，则需进行更换。

（1）对轴流风扇扇叶进行检查

首先用毛刷清洁轴流风扇扇叶上的灰尘和异物，若轴流风扇扇叶破损严重且无法修复，则需要进行更换，如图7-13所示。

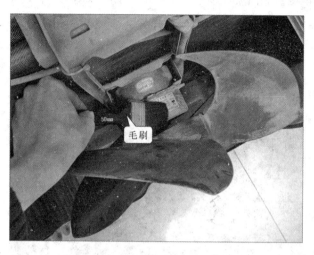

图7-13 清洁风扇的扇叶和轴

（2）轴流风扇扇叶的拆卸代换

首先使用扳手顺时针旋动取下轴流风扇扇叶的固定螺母，向外轻轻用力，即可将轴流风扇扇叶取下；然后将新的轴流风扇扇叶轻轻用力固定在转轴卡槽上，并重新用固定螺母固定好，轴流风扇扇叶的代换完成，如图7-14所示。

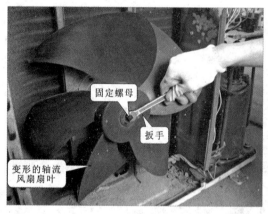

图7-14 轴流风扇扇叶的拆卸代换

2. 轴流风扇启动电容的检测与代换

轴流风扇启动电容是轴流风扇驱动电动机启动运行的基本条件之一。若轴流风扇驱动电动机不启动或启动后转速明显偏慢，应先检测轴流风扇启动电容。若经过检测确定为轴流风扇启动电容本身损坏引起的新型空调器故障，则需对损坏的轴流风扇启动电容进行更换。

（1）对轴流风扇启动电容进行检查与测试

首先观察轴流风扇启动电容外壳有无明显烧焦、变形、碎裂、漏液等情况；然后将万用表红黑表笔分别搭在轴流风扇启动电容的两只引脚上测其电容量，并将万用表功能旋钮置于电容测量挡位，观察万用表显示屏读数，并与轴流风扇启动电容标称容量相比较，实测 $2.506\,\mu F$ 近似标称容量 $2.5\,\mu F$，说明轴流风扇启动电容正常，若实测启动电容器电容量与标称电容量相差较大，则说明该电容器已经损坏，应进行更换，如图 7-15 所示。

图 7-15 检测启动电容

（2）拆卸损坏的启动电容

不同类型的空调器中，轴流风扇启动电容的安装方式和位置有所不同，应视具体情况确定拆卸方案。轴流风扇启动电容用螺钉固定在电路支撑板上，并通过引线及插件与驱动电动机连接。拆卸时，首先拔下轴流风扇启动电容与轴流风扇驱动电动机之间的连接引线，然后用旋具拧下轴流风扇启动电容的固定螺钉，如图 7-16 所示。

接着取下轴流风扇启动电容，如图 7-17 所示。

（3）选择代换用的启动电容

在找不到与原轴流风扇启动电容容量参数完全相同的电容器时，应选择耐压值相同，容量误差为原容量的 20% 以内的电容器，如相差太大，则容易损坏电动机，如图 7-18 所示。

（4）将代换用的启动电容安装到原启动电容的位置上

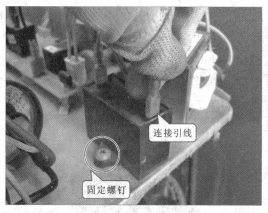
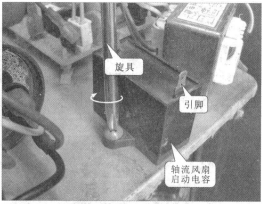

图 7-16 拔下连接引线及拧下固定螺钉

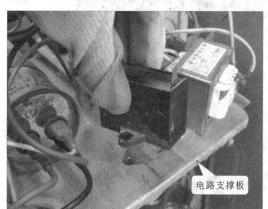

图 7-17 取下轴流风扇启动电容

图 7-18 轴流风扇启动电容的选择

　　首先将代换用的启动电容放置到原轴流风扇启动电容的位置上，然后用固定螺钉将代换用的启动电容重新固定，如图 7-19 所示。

　　(5) 连接引线的插接

　　最后将新的启动电容与轴流风扇驱动电动机连接的两根引线进行插接，完成代换，如

图7-19 启动电容的固定

图7-20所示。

连接引线

图7-20 连接引线的插接

3. 轴流风扇驱动电动机的检测与代换

轴流风扇驱动电动机是轴流风扇组件中的核心部件。在轴流风扇启动电容正常的前提下，若轴流风扇驱动电动机不转或转速异常，则需通过万用表对轴流风扇驱动电动机绕组的阻值进行检测，从而判断轴流风扇驱动电动机是否出现故障。

若经过检测确定为轴流风扇驱动电动机本身损坏引起的新型空调器故障，则需要对损坏的轴流风扇驱动电动机进行代换。

（1）对轴流风扇驱动电动机进行检测

将红表笔搭在轴流风扇驱动电动机的运行绕组端，黑表笔搭在轴流风扇驱动电动机的公共端。正常情况下，可测得公共端和运行端之间的阻值为 $232.8\ \Omega$，公共端与启动绕组端之间的阻值为 $256.3\ \Omega$，运行绕组端与启动绕组端之间的阻值为 $0.489\ \mathrm{k\Omega}$，且满足其中两组绕组之和等于另一组数值，若检测时发现两个引线端的阻值趋于无穷大，则说明绕组中有断路情况；若三组数值间不满足等式关系，则说明绕组间存在短路，出现上述两种情况均应更换轴流风扇驱动电动机，如图7-21所示。

图 7-21 检测轴流风扇驱动电动机绕组阻值

（2）拧下轴流风扇驱动电动机固定螺钉并剪断绑扎引线的线束

首先使用旋具将轴流风扇驱动电动机的四颗固定螺钉——拧下，然后用尖嘴钳将绑扎轴流风扇驱动电动机引线的线束剪断，如图 7-22 所示。

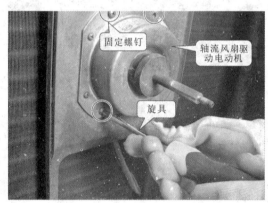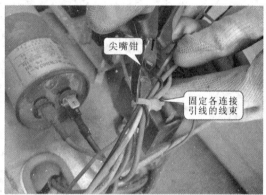

图 7-22 拧下螺钉并剪断线束

（3）取出轴流风扇驱动电动机及引线

将轴流风扇驱动电动机与电动机支架分离，并将轴流风扇驱动电动机连同引线从电动机支架上取出，如图 7-23 所示。

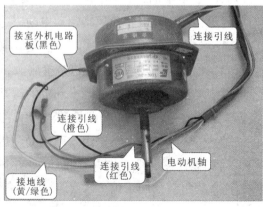

图 7-23 取出轴流风扇驱动电动机及引线

（4）固定轴流风扇驱动电动机并安装轴流风扇扇叶

首先将代换用的轴流风扇驱动电动机放到电动机支架上，并使用固定螺钉进行固定；然后将轴流风扇扇叶轴中心凸出部分对准电动机轴上的卡槽，如图 7-24 所示。

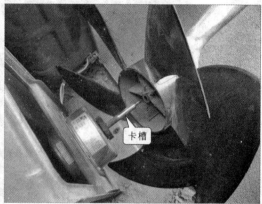

图 7-24　固定轴流风扇驱动电动机并安装轴流风扇扇叶

（5）连接轴流风扇驱动电动机与其他部件的连接引线

将轴流风扇驱动电动机的连接引线分别与电路板部分、轴流风扇启动电容、接地端等进行连接，代换完成后通电试机，室外机运转正常，如图 7-25 所示。

图 7-25　连接好引线，通电试机

7.1.3　新型空调器导风板组件的检测与代换

导风板组件主要是由导风板和导风板驱动电动机构成。导风板通常分为水平导风板和垂直导风板，水平导风板又可称为水平导风叶片，通常是由两组或三组叶片构成，专门用来控制水平方向的气流，垂直导风板也可称为垂直导风叶片，用来控制垂直方向的气流。导风板驱动电动机与导风板连接，用于带动导风板摆动从而控制气流的方向，如图 7-26 所示。

当新型空调器的供电电路接通后，由控制电路发出控制指令并启动导风板驱动电动机工作，同时带动组件中的导风板摆动，导风板驱动电动机带动导风板动作，将空调吹出的冷／

图 7-26 导风板组件

热风吹向不同的方向。图 7-27 为导风板组件的功能示意图。

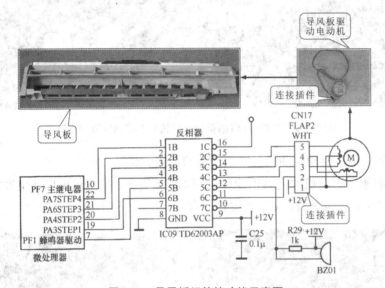

图 7-27 导风板组件的功能示意图

1. 导风板组件的检测方法

对导风板组件进行检修时，首先应检查导风板的外观及周围是否损坏。若没有发现机械故障，可再对导风板驱动电动机进行检查。

（1）对导风板的外观及周围进行检测

首先检查垂直导风板的外观有无破损或异物卡住的现象，然后需要检查水平导风板的外观是否有破损或断裂的现象，最后检查齿轮组运转是否正常，有无错齿、断裂情况，如图 7-28 所示。

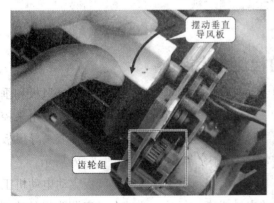
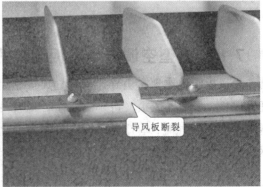

图 7-28 导风板的检查

（2）对导风板驱动电动机进行检测

将万用表的红黑表笔任意搭在导风板驱动电动机的连接插件中，如图7-29所示。正常情况下，导风板驱动电动机内各绕组间应有一定的阻值，公共端与其他任意引脚之间的阻值为375 Ω。若测得阻值为∞，则说明内部绕组断路；若测得阻值为零，则说明内部绕组短路。出现上述两种故障，均需更换导风板驱动电动机。

图7-29 导风板驱动电动机的检测

2. 导风板组件的代换方法

若经过检测确定为导风板组件损坏而引起的新型空调器故障，则需要对损坏的导风板组件进行更换，在代换之前需要对导风板组件进行拆卸。

（1）拔下导风板驱动电动机与电路板间的连接引线

首先将室内机电控盒中的电路板取下，然后将导风板驱动电动机与电路板之间的连接线拔下，如图7-30所示。

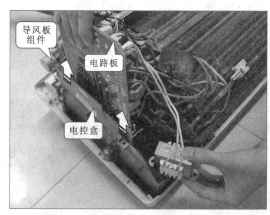

图7-30 连接引线的拆卸

（2）对遮挡导风板组件的电控盒进行拆卸

电控盒一般安装在导风板组件的侧面，并挡住导风板组件，因此，拆卸导风板组件前应先将电控盒取下，如图7-31所示。

图 7-31 电控盒的拆卸

(3) 分离导风板组件与室内机

由于导风板组件采用卡扣的方式固定在室内机中，因此先将固定卡扣拔开，并将导风板组件与室内机进行分离，如图 7-32 所示。

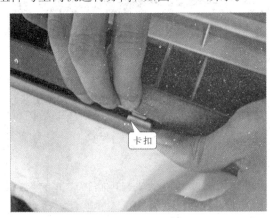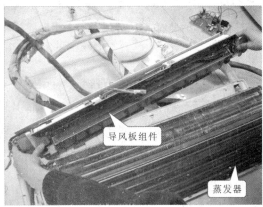

图 7-32 分离导风板组件与室内机

(4) 分离导风板组件与排水管

在导风板组件的左下方，可以看到排水管与导风板组件相连，将排水管与导风板组件进行分离，如图 7-33 所示。

图 7-33 分离导风板组件与排水管

（5）对导风板驱动电动机进行拆卸

首先找出固定导风板驱动电动机的固定螺钉，并选用大小合适的旋具将其取下，然后将导风板驱动电动机向外取出，分离导风板驱动电动机和导风板，如图7-34所示。

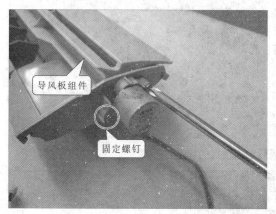

图7-34 导风板驱动电动机的拆卸

（6）选择代换用的导风板驱动电动机

在选用导风板驱动电动机时，可根据表面的规格标识进行选配，如图7-35所示。

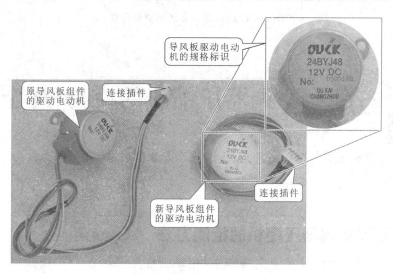

图7-35 导风板驱动电动机的选择

（7）对导风板驱动电动机进行代换

首先将新的导风板驱动电动机安装到导风板的一端处，然后使用固定螺钉将导风板驱动电动机固定在导风板的一端，如图7-36所示。

接着安装完成导风板组件，将其安装回室内机中；然后通电运行，导风板运转正常，则代换成功，如图7-37所示。

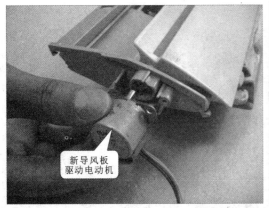
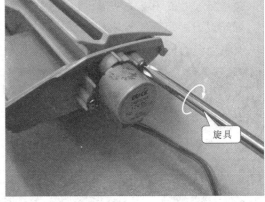

图 7-36 新导风板驱动电动机的固定

图 7-37 通电运行导风板驱动电动机

7.2 新型空调器压缩机的检测与代换

新型空调器中的变频压缩机多为涡旋式,主要是由涡旋盘、吸气口、排气口、电动机以及偏心轴等组成。

7.2.1 新型空调器压缩机的检测方法

对压缩机进行检修时,主要应检测其内部电动机是否正常。

在检测压缩机电动机绕组之前,需要先使用斜口钳将其端子上的引线拆除。然后将万用表的红、黑表笔分别搭在压缩机电动机的任意两个接线柱上,检测供电电压任意两绕组间的阻值,正常情况下,压缩机电动机任意两绕组之间的阻值几乎相等,为 1.3 Ω 左右,若检测发现压缩机电动机绕组阻值为零或无穷大,均说明压缩机损坏,需选择同型号压缩机进行更换,如图 7-38 所示。

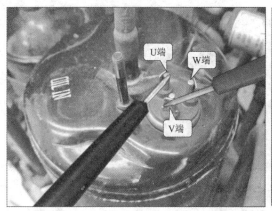

图 7-38　压缩机电动机绕组的检测

7.2.2　新型空调器压缩机的代换方法

压缩机出现故障后，新型空调器可能会出现不制冷（热）、制冷（热）异常、噪声等现象。若怀疑压缩机损坏，则需要对压缩机进行代换。

1. 分离压缩机吸气管口与制冷管路

将焊枪对准压缩机的吸气口连接部位，对该处进行加热；待加热一段时间后，用钳子将管路分离，如图 7-39 所示。

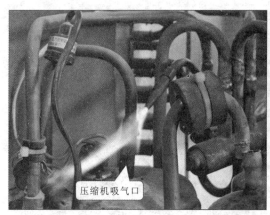

图 7-39　分离压缩机吸气管口与制冷管路

2. 分离压缩机排气管口与制冷管路

将焊枪对准变频压缩机的排气口，对该处进行加热，待加热一段时间后，再用钳子将管路分离，这样压缩机的制冷管路便拆焊完毕，如图 7-40 所示。

3. 压缩机的拆卸

使用扳手将压缩机底座上的固定螺栓拧下，即可将压缩机从室外机中取出，如图 7-41 所示。

4. 新压缩机的固定

首先将新的压缩机放置到变频空调器室外机中；使压缩机的管路与制冷管路对齐；然后

图 7-40 分离压缩机排气管口与制冷管路

图 7-41 压缩机的拆卸

拧紧压缩机底部的固定螺栓，如图 7-42 所示。

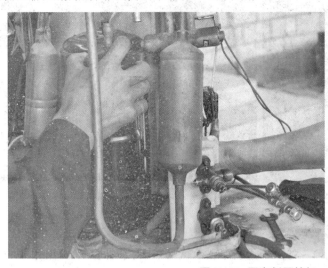

图 7-42 固定新压缩机

5. 新压缩机的焊接

首先使用焊接设备将压缩机的排气管与制冷管路焊接在一起，然后再将压缩机的吸气管与制冷管路焊接在一起，在进行焊接操作时，要确保对焊口处均匀加热，绝对不允许使焊枪的火焰对准铜管的某一部位进行长时间加热，否则会使铜管烧坏。焊接完毕后，应进行检漏、抽真空、充注制冷剂等操作，最后再通电试机，故障排除，如图 7-43 所示。

与排气管线连接的制冷管路

排气管口

与吸气管线连接的制冷管路

吸气管口

图7-43　焊接新压缩机

7.3　新型空调器温度传感器的检测与代换

在新型空调器中，通常安装有多个温度传感器，它们分别分布于室内机和室外机中，主要用来检测新型空调器的室内外环境温度、管路温度和压缩机排气口温度，并将检测到的温度信号传送给微处理器，从而控制新型空调器的工作状态，达到控温的目的。温度传感器通常采用热敏电阻作为感温元件，且热敏电阻可分为正温度系数热敏电阻和负温度系数热敏电阻。图7-44所示为新型空调器中几种常见温度传感器的安装位置。

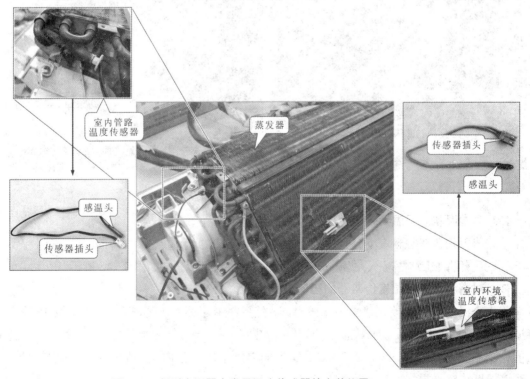

室内管路温度传感器

蒸发器

传感器插头

感温头

感温头

传感器插头

室内环境温度传感器

图7-44　新型空调器中常见温度传感器的安装位置

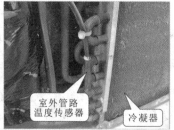

图 7-44 新型空调器中常见温度传感器的安装位置（续）

7.3.1 新型空调器温度传感器的检测方法

对新型空调器温度传感器进行检修时，首先应检查温度传感器表面是否有灰尘、导热硅胶是否变质或脱落。若没有机械故障，可对温度传感器不同温度下的阻值进行检测，以判断其感温性能是否良好。

1. 检测温度传感器状态及使用环境是否正常

在变频空调器中，用来检测管路的温度传感器上会包裹一层白色的导热硅脂。若导热硅脂变质或极少，会导致变频空调器出现报警提示故障，或进入保护模式。

温度传感器若堆积大量灰尘会造成温度检测不准确，导致变频空调器出现故障，所以需要用毛刷将温度传感器上的脏污或灰尘清洁掉，如图 7-45 所示。清洁后如果空调器依然工作异常，则需要对其不同温度下的阻值进行检测。

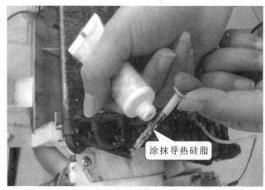

图 7-45 温度传感器表面的检测

2. 对常温状态下温度传感器的阻值进行检测

首先将万用表红、黑表笔分别搭在温度传感器接口的两引脚上，然后将万用表量程调至"×1k"欧姆挡，正常情况下，万用表检测到的阻值为 6.5 kΩ，如图 7-46 所示。

3. 对高温状态下温度传感器的阻值进行检测

首先将温度传感器放入热水中一段时间，然后将万用表红、黑表笔分别搭在温度传感器接口的两引脚上，检测其高温状态下的阻值，如图 7-47 所示。正常情况下，万用表检测到的阻值比常温状态下偏低，约为 2.2 kΩ。若不同温度下，检测出的阻值没有变化或变化较小，说明该温度传感器损坏，需进行更换。

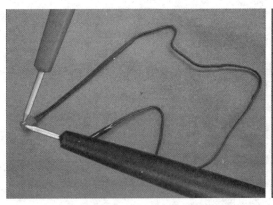

图 7-46　温度传感器常温下阻值的检测

图 7-47　温度传感器高温下阻值的检测

【要点提示】

在新型空调器检修过程中，对温度传感器的检测十分关键，若经检测温度传感器损坏或感温效果变差时，均需要及时更换。

7.3.2　新型空调器温度传感器的代换方法

温度传感器出现故障后，新型空调器可能会出现制冷效果差、空调器不启动、制冷制热失常等现象。若怀疑温度传感器损坏，则需要对温度传感器进行代换。

1. 取下需代换的温度传感器（以室内机管路温度传感器为例）

室内管路温度传感器的感温头通过一个卡子固定在蒸发器的盘管上，对室内管路温度传感器进行开路检测时，需要将其从空调器中取出，然后拔下室内管路温度传感器感温头和连接插件，如图 7-48 所示。

2. 选择适合的温度传感器进行代换

当需要对温度传感器进行代换时，要根据该温度传感器可检测的温度范围、阻值、电压变化范围来选择适合的温度传感器进行代换。例如，海信 KFR-35GW/06ABP 新型空调器室内环境温度传感器的温度范围在 "-20℃ ~ 80℃" 之间，阻值变化范围为 "38.3 ~ 0.8kΩ"，输出电压值范围为 "0.55 ~ 4.2V" 之间，根据此数据，选择适合的温度传感器进行代换即可。

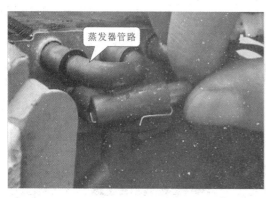
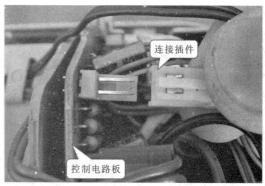

图 7-48 取下室内管路温度传感器

除此之外，也可根据新型空调器的型号，查找适合的温度传感器进行更换。

7.4 新型空调器电磁四通阀的检测与代换

新型空调器的电磁四通阀是重要的换向控制部件，其安装位置如图 7-49 所示。电磁四通阀主要由电磁导向阀、四通阀线圈、四通换向阀以及四根连接管路构成，通常安装在室外管路的上部，由四根管口与制冷管路相连，是新型空调器中重要的组成部件。它利用导向阀和换向阀的作用改变新型空调器管路中制冷剂的流向，从而达到切换制冷、制热的目的。

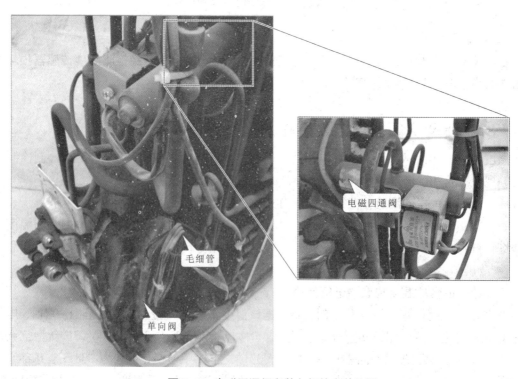

图 7-49 电磁四通阀和单向阀的安装位置

7.4.1 新型空调器电磁四通阀的检测方法

电磁四通阀出现故障后，新型空调器可能会出现制冷／制热模式不能切换、制冷（热）效果差等现象。若怀疑电磁四通阀损坏，则需要按照步骤对电磁四通阀进行检测与代换。

1．检测电磁四通阀管路连接部位是否出现泄漏

使用白纸擦拭电磁四通阀的管路接口，检查电磁四通阀是否出现泄漏，若白纸上有油污，说明该接口处有泄漏故障，需要进行补漏操作，如图7-50所示。

图7-50　用白纸擦拭电磁四通阀的管路接口

2．检测电磁四通阀线圈的阻值

对电磁四通阀线圈进行检测时，首先需要先将其连接插件拔下，然后将万用表红黑表笔分别搭在电磁四通阀连接插件的引脚上，如图7-51所示。正常情况下，万用表测得的阻值约为1.468 kΩ，若阻值差别过大，说明电磁四通阀损坏。需要对其进行更换。

图7-51　电磁四通阀的检测

3．取下电磁四通阀的线圈

使用旋具将电磁四通阀上线圈的固定螺钉拧下，然后将线圈从电磁四通阀上取下，如图7-52所示。

4．分离电磁四通阀与各部件之间相连的管路

使用焊枪分别对电磁四通阀上与压缩机排气管与冷凝器相连的管路进行加热，待加热一

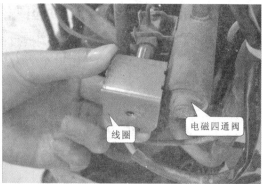

图 7-52 取下电磁四通阀的线圈

段时间后,使用钳子将管路分离,如图 7-53 所示。

图 7-53 分离电磁四通阀与压缩机排气管和冷凝器相连的管路

然后使用焊枪对电磁四通阀上与压缩机吸气管和蒸发器相连的管路进行加热,待加热一段时间后使用钳子将管路分离,至此,电磁四通阀的拆卸完成。

7.4.2 新型空调器电磁四通阀的代换方法

1. 选用同规格的电磁四通阀进行代换

选用的电磁四通阀应与原部件的规格参数、体积大小相同,如图 7-54 所示。

图 7-54 电磁四通阀的选择

2．放置新的电磁四通阀

将新的电磁四通阀放置到原位置，注意对齐管路，然后在电磁四通阀阀体上覆盖一层湿布，防止焊接时阀体过热，如图 7-55 所示。

湿布

图 7-55 放置新的电磁四通阀

3．焊接电磁四通阀的四根管路与制冷管路

首先使用焊枪将电磁四通阀的四根管路分别与制冷管路焊接在一起；焊接时间不宜过长，以防阀体内的部件损坏，然后将盖在阀体上的湿布取下；最后还要进行检漏、抽真空、充注制冷剂等操作，然后再通电试机，排除故障。

第 8 章

新型电冰箱电路系统的故障检修

8.1 新型电冰箱操作显示电路的故障检修

8.1.1 新型电冰箱操作显示电路的结构特点和电路分析

1. 新型电冰箱操作显示电路的结构特点

新型电冰箱的操作显示电路一般位于新型电冰箱的冷藏室箱门上。用户在使用新型电冰箱时，通过操作显示电路面板上的按键输入人工指令信号，用以对新型电冰箱的工作状态进行控制，同时由操作显示电路中的数码显示屏显示新型电冰箱当前的工作状态，图 8-1 所示为新型电冰箱的操作显示电路板图。

2. 新型电冰箱操作显示电路的电路分析

新型电冰箱的操作显示电路是用于输入人工指令和显示新型电冰箱当前工作状态的部分，该电路通过操作按键输入人工指令，并通过数码显示屏显示当前的工作状态和内部温度信息。

图 8-2 所示为新型电冰箱的操作显示电路，由图可知，该电路主要是由操作显示控制芯片、数据接口电路、数码显示屏、蜂鸣器构成。

新型电冰箱的操作显示电路较为复杂，为了搞清该电路的工作原理，我们可以将操作显示电路分为操作显示控制芯片及相关电路、数码显示屏处理电路、人工指令输入和蜂鸣器控制电路几部分，下面分别对电路进行分析。

（1）操作显示控制芯片及相关电路的工作原理

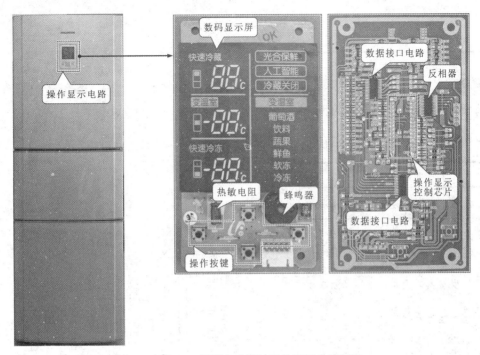

图 8-1 新型电冰箱的操作显示电路板图

　　操作显示控制芯片进入工作状态需要具备一些工作条件，其中主要包括 +5 V 供电电压、复位信号和晶振信号。图 8-3 所示为新型电冰箱的操作显示控制芯片及相关电路部分。

　　操作显示控制芯片若要进入工作状态需要具备一些工作条件，例如，5 V 供电电压、复位信号和晶振信号等。

　　其中，操作显示控制芯片的⑤脚为 +5 V 供电端，为其提供工作电压；操作显示控制芯片的⑧脚为复位信号端；晶体与操作显示控制芯片内部的电路构成振荡电路，为微处理器提供时钟信号。

　　(2) 数码显示屏处理电路的工作原理

　　数码显示屏分为多个显示单元，每个显示单元可以显示特定的字符或图形，因而需要多种驱动信号进行控制，数据接口电路主要是用来接收串行数据信号，并输出并行数据信号送到数码显示屏中，数据接口电路就是将操作显示控制芯片输出的显示数据转换成多种控制信号。图 8-4 所示为新型电冰箱数码显示屏处理电路部分的工作原理。

　　数据接口电路的⑫脚主要是用来接收由操作显示控制芯片送来的串行数据信号(DATA)，数据接口电路的⑪脚为写入控制信号（WR），数据接口电路的⑨脚为芯片选择和控制信号(CS) 并由㉞脚～㊽脚输出并行数据，对数码显示屏进行控制。

　　(3) 人工指令输入和蜂鸣器控制电路的工作原理

　　人工指令通过操作按键传送到操作显示控制芯片中，操作显示控制芯片接收到人工指令信号后，会通过专门的数据通道传送到控制微处理器中。此外操作显示控制芯片还对蜂鸣器进行控制、对环境温度进行检测。图 8-5 所示为新型电冰箱的人工指令输入和蜂鸣器控制电路部分。

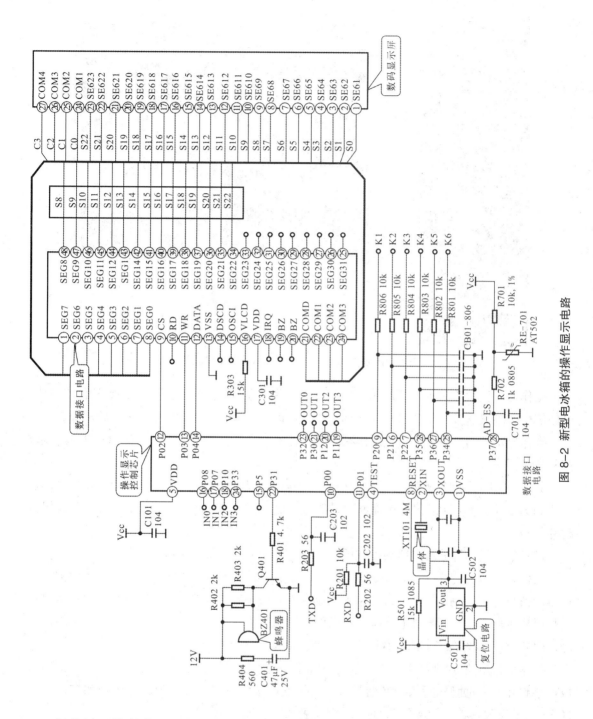

图 8-2 新型电冰箱的操作显示电路

操作显示控制芯片的⑩脚和⑪脚作为通信接口与控制微处理器相连并进行信息互通，TXD 为发送端，输送人工指令信号；RXD 为接收端，可接收显示信息、提示信息等内容。操作显示控制芯片的㉒脚输出控制信号，对蜂鸣器的进行控制；操作显示控制芯片的㉘脚用来对环境温度进行检测；操作显示控制芯片的⑥脚、⑦脚、⑨脚、㉕脚、㉗脚和㉘脚为操作按键的输入端，用于接收操作按键送来的人工指令。

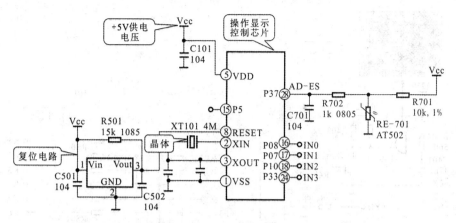

图 8-3 新型电冰箱的操作显示控制芯片及相关电路部分

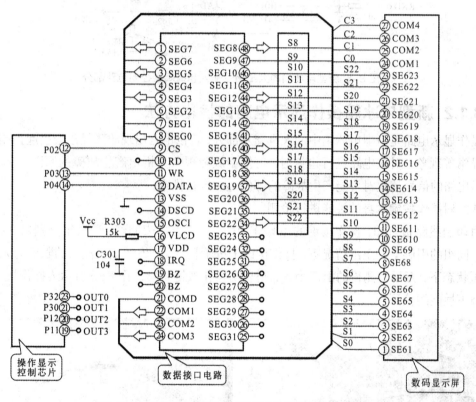

图 8-4 新型电冰箱数码显示屏处理电路部分的工作原理

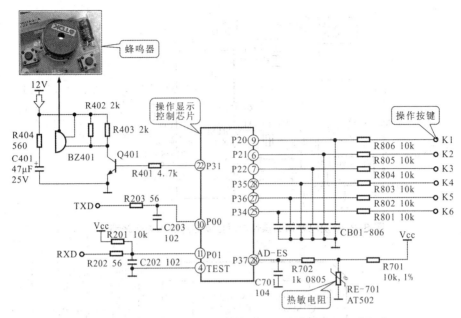

图 8-5 新型电冰箱的人工指令输入和蜂鸣器控制电路部分

8.1.2 新型电冰箱操作显示电路的检修方法

操作显示电路是新型电冰箱中的人机交互部分，若该电路出现故障经常会引起控制失灵、显示异常等现象，对该电路进行检修时，可依据故障现象分析出产生故障的原因，并根据操作显示电路的信号流程对可能产生故障的部件逐一进行排查。

1. 对操作按键本身的性能进行检测

由印制线路板可知，操作按键的引脚分为两组，将万用表的红、黑表笔分别搭在操作按键中不同组的引脚上。正常情况下，操作按键未按压状态下，万用表可测得的阻值为无穷大；在按压状态下，万用表测得的阻值为零，则表明操作按键正常。图 8-6 所示为操作按键未按压状态下性能的检测。

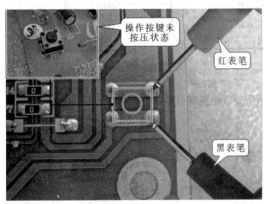

图 8-6 操作按键未按压状态下性能的检测

2. 对数据接口电路和反相器输出的信号波形进行检测

将示波器接地夹接地，探头搭在数据接口电路的⑥脚上，如图 8-7 所示。正常情况下，示波器可检测到数据接口电路输出的信号波形。

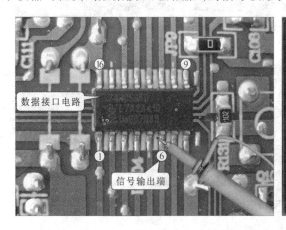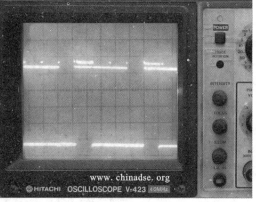

图 8-7 数据接口电路输出的信号波形的检测

将示波器接地夹接地，探头搭在反相器的⑯脚上，如图 8-8 所示。正常情况下，示波器可检测到反相器输出的信号波形，若检测数据接口电路和反相器输出的信号波形正常，则表明操作显示电路中送往数码显示屏的信号正常；若该信号不正常，则应顺着信号流程对数据接口电路和反相器输入的信号进行检测。

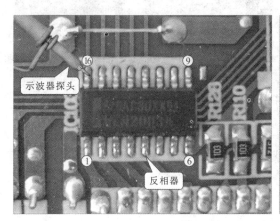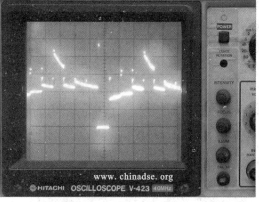

图 8-8 反相器输出的信号波形的检测

3．对数据接口电路和反相器输入的信号波形进行检测

将示波器接地夹接地，探头搭在数据接口电路的⑭脚上，如图 8-9 所示。正常情况下，示波器可检测到输入数据接口电路的信号波形。

将示波器接地夹接地，探头搭在反相器的①脚上，如图 8-10 所示。正常情况下，示波器可检测到输入反相器的信号波形。若检测输入到数据接口电路和反相器的信号波形正常，则表明前级电路正常；若输入的信号波形不正常，则需要对前级电路中的操作显示控制芯片进行检测。

4．对操作显示控制芯片的工作条件进行检测

检测操作显示控制芯片是否正常时，应先对该芯片的工作条件进行检测，即供电电压、

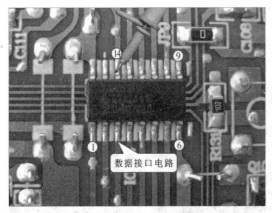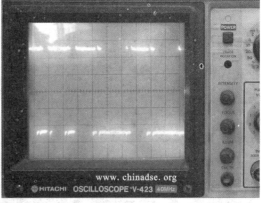

图 8-9 输入数据接口电路中信号波形的检测

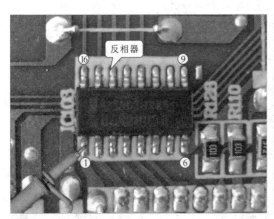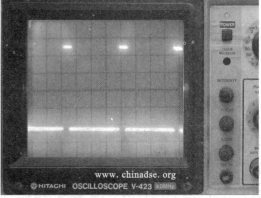

图 8-10 反相器中信号波形的检测

晶振信号和复位信号。然后将万用表的黑表笔搭在操作显示控制芯片的①脚上（接地端），红表笔搭在操作显示控制芯片的⑤脚上，如图 8-11 所示。正常情况下，万用表测得操作显示控制芯片的供电电压为直流 5 V。

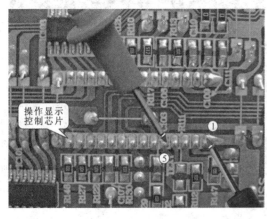

图 8-11 操作显示控制芯片的检测

电冰箱通电开机后，将示波器接地夹接地，探头搭在操作显示控制芯片的②脚或③脚上，正常情况下，示波器可检测到晶振信号波形，如图 8-12 所示。

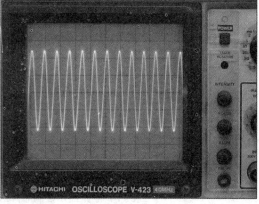

图 8-12 晶振信号的检测

将万用表的黑表笔搭在操作显示控制芯片的①脚（接地端）上，红表笔搭在操作显示控制芯片的⑧脚（复位端）上，如图 8-13 所示。正常情况下，在开机的一瞬间，万用表可测得 0 ~ 5 V 电压的跳变，表明复位电压正常。若检测操作显示控制芯片的工作条件均正常，则需要检测操作控制芯片与控制电路间的输入 / 输出信号是否正常。

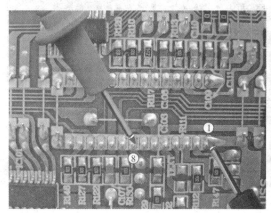

图 8-13 复位电压的检测

5．对操作显示控制芯片与控制电路之间的信号波形进行检测

电冰箱通电开机后，将示波器接地夹接地，探头搭在操作显示控制芯片的⑩脚上。正常情况下，可检测到控制电路送来的 TX 信号波形。若控制电路送来的数据信号波形正常，则需要进一步对操作显示控制芯片送往控制电路的信号波形进行检测，如图 8-14 所示。

将示波器接地夹接地，探头搭在操作显示控制芯片的⑪脚上，如图 8-15 所示。正常情况下，可检测到操作显示控制芯片送往控制电路的 RX 信号波形。若检测操作显示控制芯片的工作条件均正常，由控制电路送来的信号波形也正常，而无输出信号，则表明操作显示控制芯片本身损坏，应进行更换。

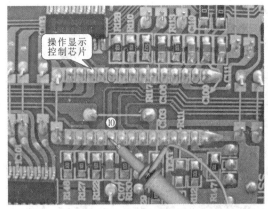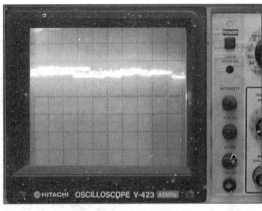

图 8-14 操作显示控制芯片送往控制电路 TX 信号波形的检测

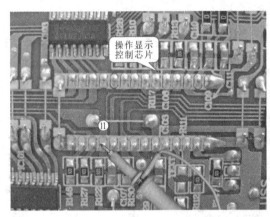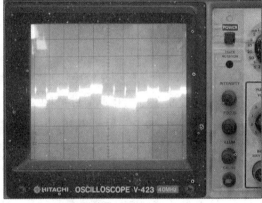

图 8-15 操作显示控制芯片送往控制电路的 RX 信号波形的检测

8.2 新型电冰箱电源电路的故障检修

8.2.1 新型电冰箱电源电路的结构特点和电路分析

1. 新型电冰箱电源电路的结构特点

电源电路位于主电路板一角，新型电冰箱的电源电路主要分为交流输入滤波及开关电源电路两部分，主要用来为新型电冰箱各单元电路部分及各部件提供工作电压，市电 220 V 电压经过电源电路处理后，通过接线端子为新型电冰箱的用电部分进行供电，图 8-16 所示为新型电冰箱的电源电路。

2. 新型电冰箱电源电路的电路分析

电源电路是新型电冰箱的能源供给电路，主要是为新型电冰箱各单元电路部分和各部件提供所需工作电压。

图 8-17 所示为海尔 BCD－550 WYJ 型变频电冰箱的电源电路图，由图可知，该电路主要是由熔断器（F200）、互感滤波器（L202）、桥式整流电路（D208、D209、D210、D211）、

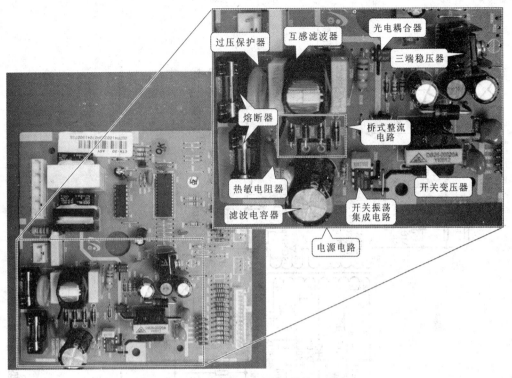

图 8-16 新型电冰箱的电源电路

开关振荡集成电路（IC201）、开关变压器（T201）、光电耦合器（IC203）以及三端稳压器 IC202 等构成，其中开关振荡集成电路 IC201、场效应晶体管 Q201 以及开关变压器的①脚、②脚构成开关振荡电路。开关变压器的③脚、④脚以及二极管 D201、电阻器 R202、开关振荡集成电路 IC201 的⑥脚等构成正反馈电路，主要用于维持开关振荡电路起振。

● 海尔 BCD － 550 WYJ 型变频电冰箱接通电源后，交流 220 V 电压经插件 CN201 送入变频电冰箱的开关电源电路中，经熔断器 F200 后，再由互感滤波器 L202 滤除干扰脉冲，滤波电容器 C202 滤波后，送入后级的桥式整流电路（D208 ～ D211）中，经桥式整流电路整流后输出约 300 V 的直流电压为开关振荡电路供电。

● 由桥式整流堆输出的 +300 V 直流电压，经电阻器 R215 ～ R218 分压后，送往开关振荡集成电路 IC201 的⑧脚，为开关振荡集成电路提供工作电压。

同时，+300 V 直流电压经开关变压器 T201 的①脚～②脚加到开关场效应晶体管（MOS200）的漏极（D），为开关场效应晶体管提供偏压，开关振荡集成电路的⑤脚输出振荡信号，使开关变压器 T201 的①脚～②脚中形成开关振荡电流从而驱动开关变压器工作。

● 开关变压器 T201 的次级绕组③脚～④脚感应出开关信号，经整流滤波电路形成正反馈信号叠加到开关振荡集成电路 IC201 的⑥脚，保持⑥脚有足够的直流电压维持 IC201 中的振荡，使开关电路进入稳定的振荡状态。

● 开关变压器 T201 工作后，其次级绕组感应到脉冲信号后，由⑨脚输出开关脉冲电压，经次级电路中的二极管、滤波电容和电感器后输出 +16 V 的直流电压。

由开关变压器 T201 次级绕组中的⑧脚输出开关脉冲电压，经二极管、滤波电容和三端稳压器后输出 +5 V 的直流电压。

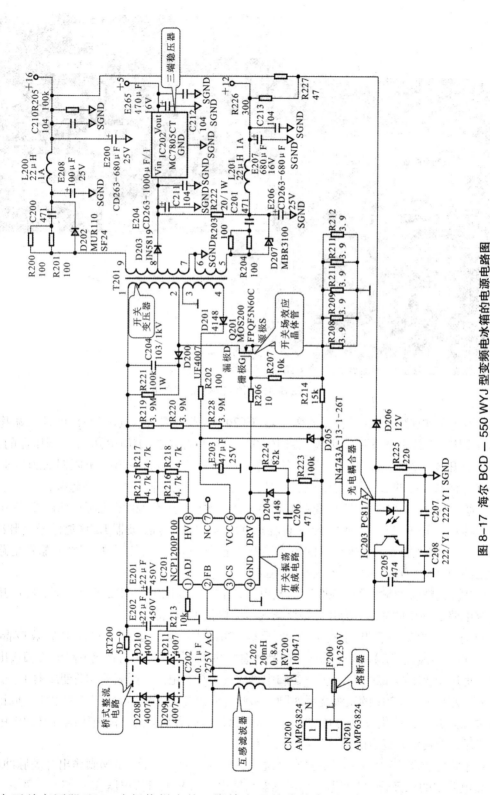

图 8-17 海尔 BCD-550 WYJ 型变频电冰箱的电源电路图

由开关变压器 T201 次级绕组中的⑤脚输出开关脉冲电压，经二极管、滤波电容和电感器后输出 +12 V 的直流电压。

【要点提示】

图 8-18 所示为开关振荡集成电路 IC201（NCP1200P100）的内部结构，由图可知，开关振荡集成电路内部集成了跳动周期比较器、过载检测以及稳压电路等。

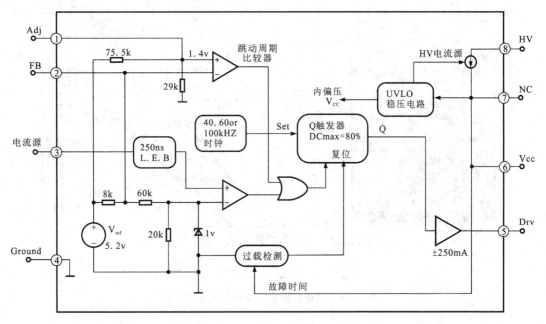

图 8-18 开关振荡集成电路 IC201（NCP1200P100）的内部结构框图

8.2.2 新型电冰箱电源电路的检修方法

电源电路是新型电冰箱中的关键电路，若该电路出现故障经常会引起电冰箱开机不制冷、压缩机不工作、无显示等现象，对该电路进行检修时，可依据故障现象分析出产生故障的原因，并根据电源电路的信号流程对可能产生故障的部件逐一进行排查。

1．对电源电路输出的直流电压进行检测

首先将万用表的量程调整至"直流 50 V"电压挡，然后将万用表的黑表笔搭在接地端，红表笔分别搭在 +16 V、+5 V、+12 V 的直流电压输出端，如图 8-19 所示。正常情况下，万用表应测到电源电路输出的直流电压为 +16 V、+5 V、+12 V，若检测电源电路有一路或几路无输出电压时，则表明前级电路中的稳压及整流部件可能存在故障，应对其进行检测。

2．对三端稳压器进行检测

首先将万用表的量程调整至"直流 50 V"电压挡，然后将万用表的黑表笔搭在接地端，红表笔搭在三端稳压器直流输入端，如图 8-20 所示。正常情况下，万用表应测得三端稳压器输入的电压为 +16 V，若检测电源电路无 +5 V 电压输出，则应顺着供电流程，对前级电路进行检测，若输入三端稳压器的电压正常，而输出不正常，则表明三端稳压器本身损坏，应对其进行更换，若检测电源电路无 +12 V 电压输出时，则应对前级电路中的整流二极管进行检测。

3．对整流二极管进行检测

首先将万用表的量程调整至"欧姆挡"，然后将万用表的黑表笔搭在整流二极管的正极，

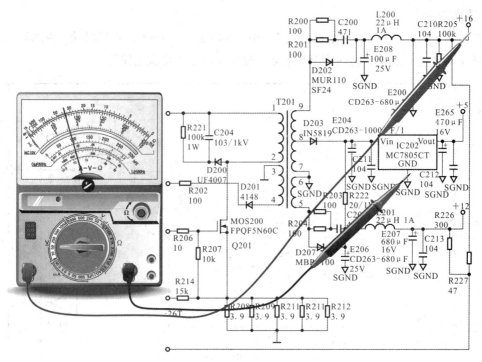

图 8-19 电源电路输出直流电压的检测

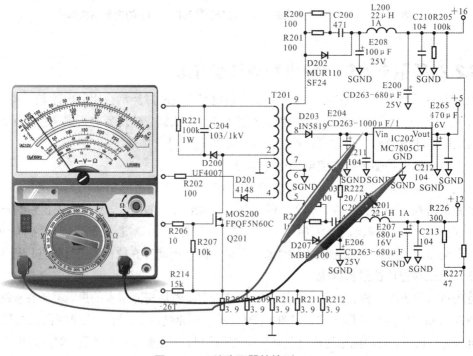

图 8-20 三端稳压器的检测

红表笔搭在整流二极管的负极,在断电情况下,万用表应测得整流二极管的正向有一定的阻值,反向阻值为无穷大。+100 V 电压值由开关变压器次级,经整流二极管整流后输出,若无 +12 V 电压输出时,应先对整流二极管的性能进行检测。若检测电源电路的直流电压均无输出,则需要对整流滤波电路输出的 +300 V 电压进行检测，判断该电压是否正常，如图 8-21 所示。

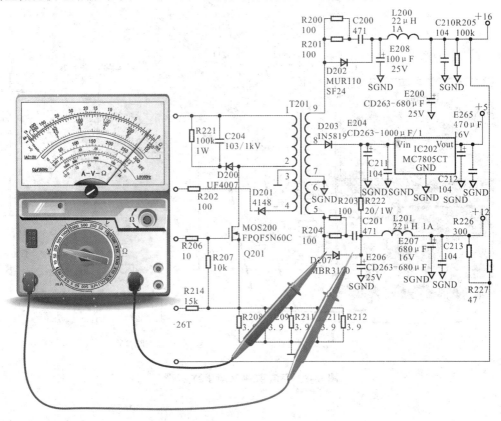

图 8-21 整流二极管的检测

4．对直流 300 V 电压进行检测

首先将万用表的量程调整至"直流 500 V"电压挡，然后将万用表的黑表笔搭在滤波电容的负极，红表笔搭在滤波电容的正极，如图 8-22 所示。在工作情况下，万用表应测得 300 V 直流电压。检测电源电路有无 300 V 直流电压输出时，可以通过检测滤波电容两端的电压进行判断，若有 300 V 直流电压值，表明桥式整流电路正常；若无 300 V 直流电压值，则应进一步对前级电路中的桥式整流电路进行检测。

5．对桥式整流电路进行检测

首先将万用表的量程调整至"×1 k"欧姆挡，然后将万用表的黑表笔搭在整流二极管的正极，红表笔搭在整流二极管的负极，如图 8-23 所示。在断电情况下，万用表应测得整流二极管的正向阻值为 6 kΩ 左右。检测桥式整流电路时，可分别对四个整流二极管的自身性能进行检测。调换表笔再次测量时，整流二极管的反向阻值应趋于无穷大（若在路检测受外围元件的影响而出现有一定阻值的情况，可拆焊后再进行检测）。

6．对开关变压器进行检测

首先将示波器的接地夹接地，探头靠近开关变压器的磁心部分。在工作情况下，示波器可以检测到开关变压器的信号波形。若开关变压器无脉冲信号波形输出，而前级送来的 300 V

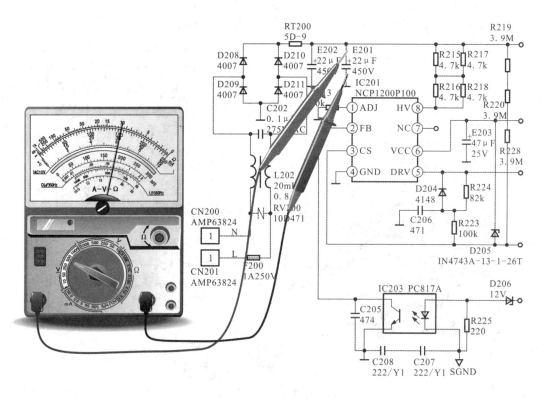

图 8-22 直流 +300V 电压的检测

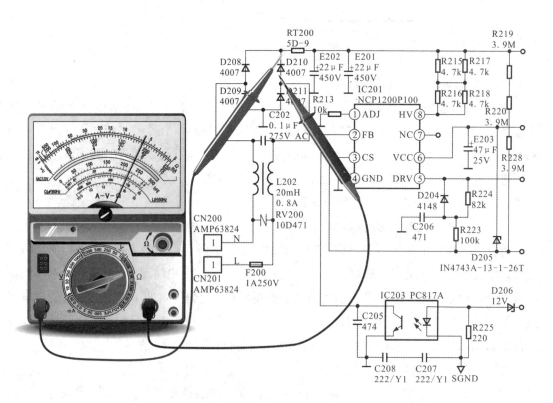

图 8-23 桥式整流电路的检测

直流电压正常，则多为开关振荡电路部分异常，应重点对开关振荡集成电路进行检测。由于开关变压器初级绕组的脉冲电压很高，所以采用感应法判断开关变压器是否工作，这是目前普遍采用的一种简便方法，如图 8-24 所示。

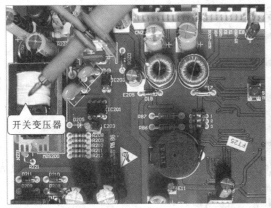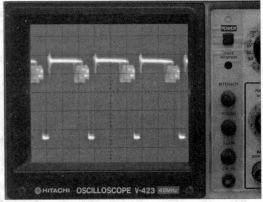

图 8-24 开关变压器的检测

7. 对开关振荡集成电路进行检测

首先将万用表的量程调整至"直流 500 V"电压挡，然后将万用表的黑表笔搭在接地端，红表笔搭在开关振荡电路的开关信号输出端，即开关场效应晶体管的漏极（D）端。检测开关振荡集成电路时可分别对开关振荡集成电路正反馈电路中各元器件的检测和开关信号输出端电压的检测两部分进行，如图 8-25 所示。正常情况下，万用表应测得 100 V 左右的直流电压。若检测正反馈电路中的元器件均正常，而开关信号输出端的电压不正常，则说明开关振荡集成电路损坏，需要对其进行更换。

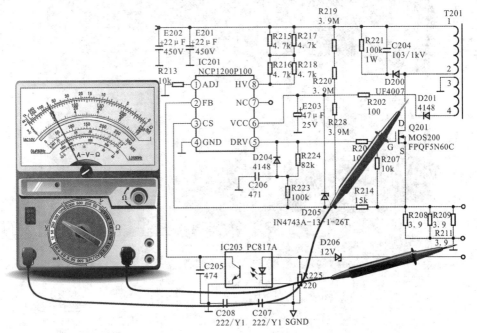

图 8-25 开关振荡集成电路的检测

8.3 新型电冰箱控制电路的故障检修

8.3.1 新型电冰箱控制电路的结构特点和电路分析

1. 新型电冰箱控制电路的结构特点

新型电冰箱的控制电路是以微处理器为核心的电路，也是新型电冰箱整机控制核心。

图 8-26 所示为典型变频电冰箱中的控制电路（海尔 BCD-550WYJ 型变频电冰箱）。可以看到，该电路主要是由微处理器、陶瓷谐振器、多个继电器、各种接口电路、反相器、指令扩展接口集成电路等部分构成。

2. 新型电冰箱室外机控制电路的结构特点和电路分析

新型电冰箱的控制电路是电冰箱实现智能化控制的关键电路。简单来说，该电路接收人工指令信号以及温度传感器检测信号，输出相应的控制信号，对电冰箱进行控制。

图 8-27 所示为新型电冰箱控制电路的工作原理框图。从图中可以看出，用户通过操作按键向微处理器输入温度设置信号、化霜方式以及定时等人工操作指令，送入微处理器中，接收状态显示信号输出人工指令信号、微处理器需要的供电电压、晶振信号、复位信号均正常，才会开始工作，温度传感器将感测到的温度信号转换为电压信号送到微处理器中，

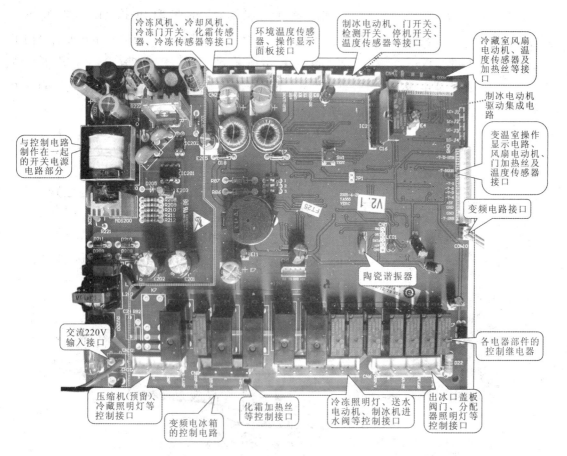

图 8-26 典型变频电冰箱中的控制电路（海尔 BCD-550WYJ 型变频电冰箱）

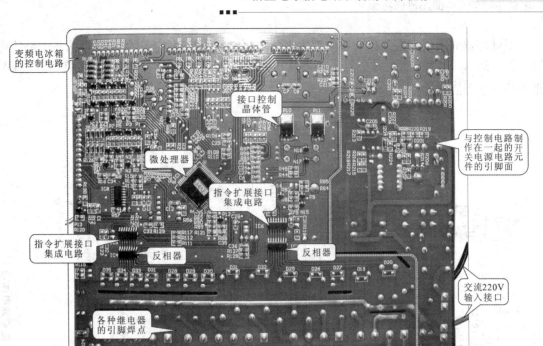

图 8-26 典型变频电冰箱中的控制电路（海尔 BCD-550WYJ 型变频电冰箱）（续）

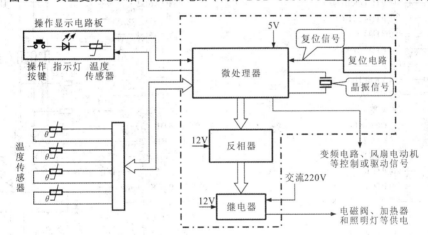

图 8-27 新型电冰箱主控电路的工作原理框图

微处理器收到这些信息后，输出相应的控制信号，这些控制信号经反相器、继电器等转换为控制各器件（电磁阀、加热器、照明等）的电压或电流，从而控制各器件工作。同时输出变频电路及风扇电动机的控制或驱动信号，控制其工作。

　　冷藏室、冷冻室等温度检测信息随时送给微处理器，当电冰箱室内的温度达到预先设定的温度时，温度传感器将温度信号变成电信号送到微处理器的传感器信号输入端，微处理器识别后进行自动控制。

　　图 8-28 所示为新型电冰箱中的微处理器及其外围电路部分（海尔 BCD-550WYJ 型变频电冰箱）。

　　供电电压、复位信号、时钟信号是微处理器正常工作的基本条件。

　　+5V 稳压电源为微处理器（CPU）供电、复位电路中的晶体管 P12 为 CPU 提供复位（RST）信号、陶瓷谐振器 XT1 为 CPU 提供时钟信号、操作电路为 CPU 提供人工指令信号。

微处理器 IC1 根据人工指令和内部程序分别输出各种控制信号，使电冰箱的各个部件协调工作。进入工作状态后，微处理器不断地检测各部位的温度信息和工作状态信息，为控制系统搜索参考信息。

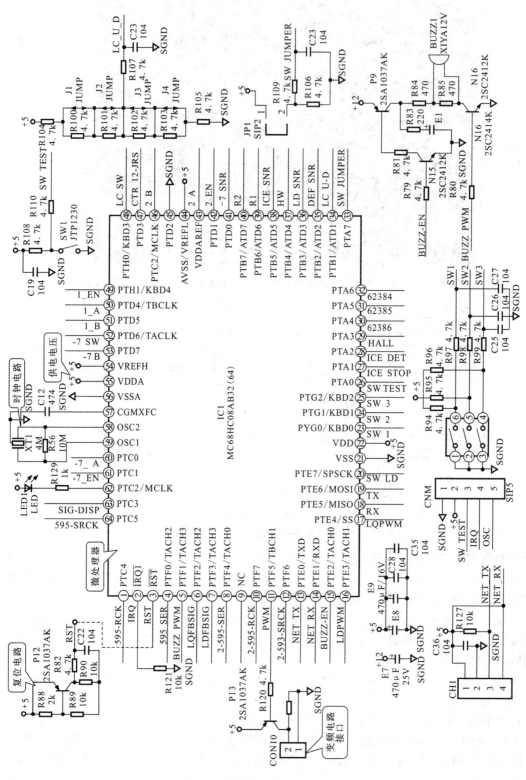

图 8-28　新型电冰箱中的微处理器及其外围电路部分（海尔 BCD-550WYJ 型变频电冰箱）

8.3.2 新型电冰箱控制电路的检修方法

控制电路是新型电冰箱中的关键电路，若该电路出现故障经常会引起电冰箱不启动、不制冷、控制失灵、显示异常等现象，对该电路进行检修时，可依据故障现象分析出产生故障的原因，并根据控制电路的信号流程对可能产生故障的部件逐一进行排查。

1. 对出现控制功能失常线路中的继电器进行检测

根据对应电路的图纸找到待检测继电器的安装位置及引脚焊点，如图 8-29 所示。

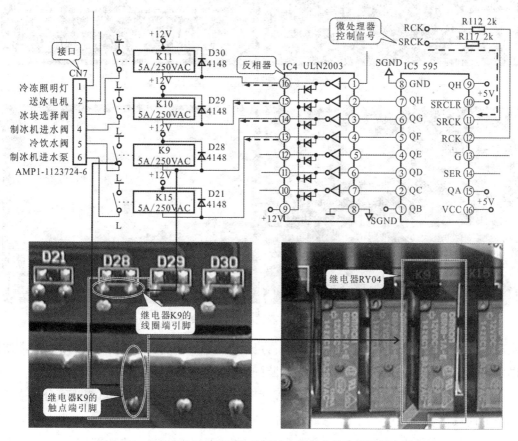

图 8-29 对应电路图纸找到待检测继电器的安装位置及引脚焊点

实测时万用表量程旋钮置于"×100"欧姆挡；将万用表的红黑表笔分别搭在继电器线圈两只引脚焊点上，如图 8-30 所示。正常情况下，继电器的线圈有一定的阻值，实测 320 Ω 为正常。若实测线圈阻值为零或无穷大，则说明继电器存在短路或断路情况，应更换。

实测时万用表量程旋钮置于"×100"欧姆挡；将万用表的红黑表笔分别搭在继电器触点端的引脚焊点上，如图 8-31 所示。正常情况下，继电器的触点处于断开状态，检测其阻值应为无穷大。若实测继电器常开触点阻值为零，则说明继电器触点出现粘连或损坏，应更换；若实测继电器线圈及触点状态均正常，则可进行下一步检测。

【信息扩展】

检测继电器的好坏，除了可在断电状态下检测线圈或引脚的阻值进行判断外，还可在通

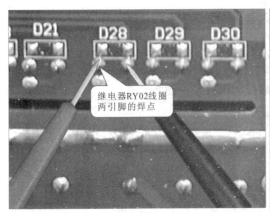

图 8-30 继电器线圈阻值的检测

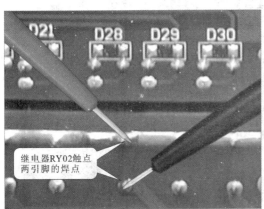

图 8-31 继电器触点闭合状态的检测

电状态下检测电压值进行判断，即根据线圈得电，带动触点闭合，接通供电的特点，检测线圈在得电状态下，触点端是否有电压输出来判断好坏。

实测时万用表量程旋钮置于"直流 50 V"电压挡，然后将万用表的红黑表笔分别搭在继电器线圈两只引脚焊点上，如图 8-32 所示。正常情况下，测得线圈两端电压为 12 V，表明线圈供电正常，若实测线圈两端无电压，则应检测继电器线圈供电的电路部分。

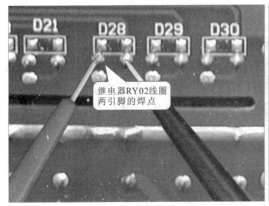

图 8-32 继电器线圈供电电压的检测

实测时万用表量程旋钮置于"交流 250 V"电压挡，然后将万用表的黑表笔搭在零线上，红表笔搭在继电器触点输出端的引脚焊点上。正常情况下，继电器的触点闭合接通供电线路，其输出端应有交流 220 V 电压输出，若继电器线圈供电正常，触点端无交流电压输出，则说明继电器损坏，应更换，如图 8−33 所示。

图 8−33 继电器触点的闭合状态的检测

2．对出现控制功能失常线路中的反相器进行检测

实测时万用表量程旋钮置于"×1k"欧姆挡，然后将万用表的黑表笔搭在反相器的接地引脚上，红表笔依次搭在反相器的其他各引脚上。例如，万用表测得的①脚正向阻值为 6kΩ，万用表表笔对调，检测反向阻值，将实测反相器引脚的正反向阻值与标准值进行比较，若偏差较大，说明反相器异常，应更换；若实测均正常，则可进行下一步检测，如图 8−34 所示。

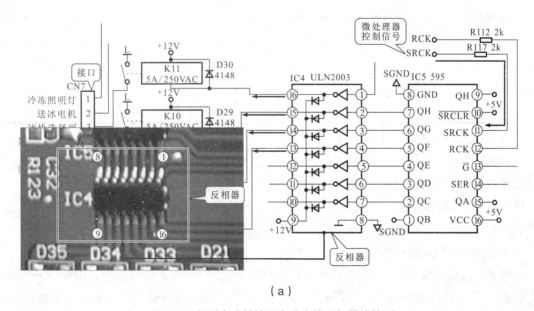

（a）

图 8−34 新型电冰箱控制电路中的反相器的检测

（b）

图 8-34 新型电冰箱控制电路中的反相器的检测（续）

（a）对应电路图纸确定反相器引脚排列顺序 　　　（b）检测反相器各引脚的对地阻值

【信息扩展】

正常情况下，反相器 ULN2003 各引脚之间的对地阻值见表 8-1 所列。

表 8-1 反相器 ULN2003 各引脚之间的对地阻值

引脚	正向对地阻值 （×1 kΩ）	反向对地阻值 （×1 kΩ）	引脚	正向对地阻值 （×1 kΩ）	反向对地阻值 （×1 kΩ）
①	6	8.5	⑨	4.0	28
②	6	8.5	⑩	6.7	140
③	6	8.0	⑪	6.7	140
④	6	8.0	⑫	5.0	28
⑤	6	8.5	⑬	4.5	28
⑥	6	8.5	⑭	5.0	28
⑦	6	8.5	⑮	7.0	130
⑧	0	0	⑯	7.0	130

3．对直流供电电压进行检测

实测时首先将万用表量程旋钮置于"直流 10 V"电压挡，然后将万用表的黑表笔搭在微处理器的接地引脚上，红表笔搭在微处理器供电引脚外的测试点上，如图 8-35 所示。正常情况下，测得微处理器的供电电压为 5 V，若实测供电端无电压，则应检测供电引脚外围元件及电源电路部分；若电压正常，则可进行下一步检测。

4．对时钟信号进行检测

将示波器的接地夹接地，探头搭在时钟信号引脚上，检测时钟信号波形，如图 8-36 所示。正常情况下，可检测到时钟信号波形。若时钟信号不正常，则可能是陶瓷谐振器或微处理器损坏；若时钟信号正常，则可进行下一步检测。

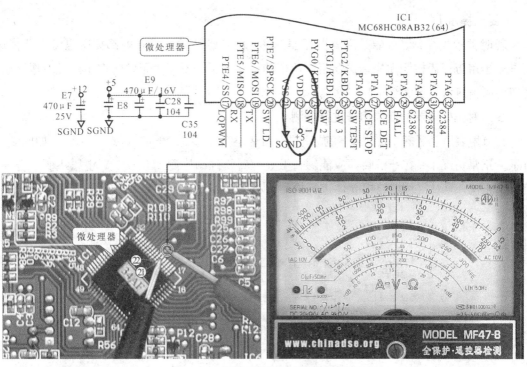

图 8-35 微处理器的供电条件的检测

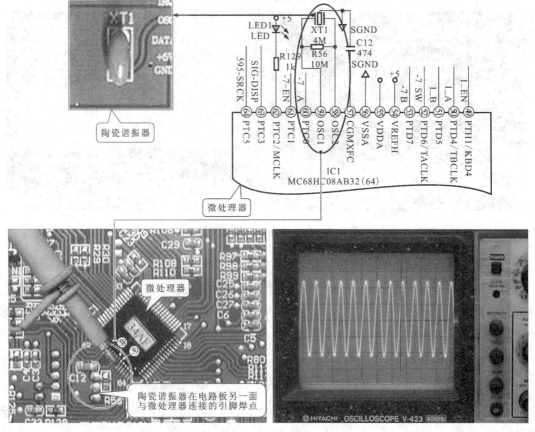

图 8-36 微处理器的时钟信号的检测

【要点提示】

若时钟信号异常，可能是陶瓷谐振器损坏，也可能是微处理器内部振荡电路部分损坏，可进一步用万用表检测陶瓷谐振器引脚阻值的方法判断其好坏。正常情况下陶瓷谐振器两端之间的阻值应为无穷大。

5．对微处理器的复位信号进行检测

将万用表黑表笔搭在微处理器的接地端，红表笔搭在微处理器的复位端引脚上，如图 8-37 所示。正常情况下，在开机瞬间应能够在微处理器复位端检测到 0 ～ 5 V 电压跳变。若复位信号不正常，应对复位电路中元件进行检测，如 P12、C22、R82 等 ; 若正常则可进行下一步检测。

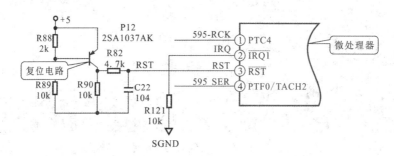

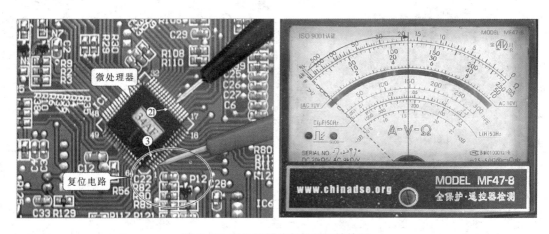

图 8-37 微处理器的复位信号的检测

6．检测操作显示电路与微处理器之间传输数据信号

将电冰箱通电开机进行测试，检测之前首先将示波器接地夹接地，然后将示波器探头搭在显示信号输出端引脚外测试点上，如图 8-38 所示。正常情况下，应能测得微处理器输出的状态显示信号，若无任何信号输出，则多为微处理器或检测电路部分异常（如温度传感器等）。

将电冰箱通电开机进行测试，检测之前首先将示波器接地夹接地，然后将示波器探头搭在人工指令信号输入端引脚外测试点上，如图 8-39 所示。正常情况下，当按动显示电路板上的按键时，应能测得送入微处理器的人工指令信号。若无任何信号输入，则多为显示电路部分异常。

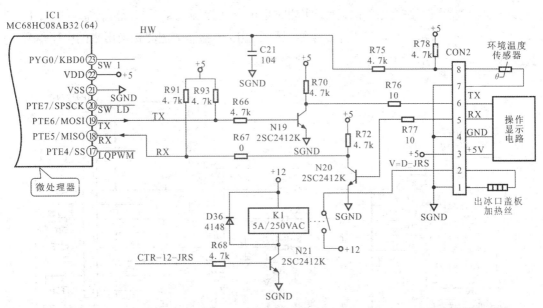

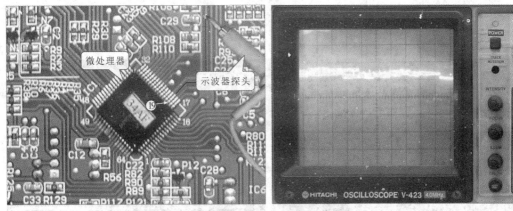

图 8-38 操作显示电路与微处理器之间传输数据信号的检测

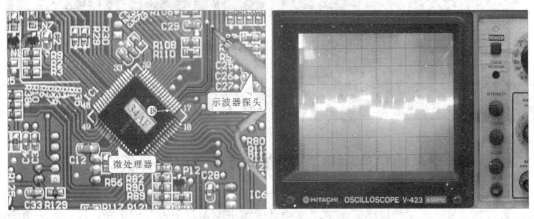

图 8-39 输入的人工指令和输出显示信号的检测

7. 对温度传感器输入的检测信号进行检测

首先将变频电冰箱通电，黑表笔搭在微处理器接地引脚上，然后将万用表的红表笔搭在微处理器温度检测信号输入端引脚上，实测时也可以在控制电路板与温度传感器接口上进行检测，如图 8-40 所示。正常情况下，应能测得由温度传感器感测并转换出来的电压信号，若无任何信号，则多为温度传感器损坏，应进行更换。

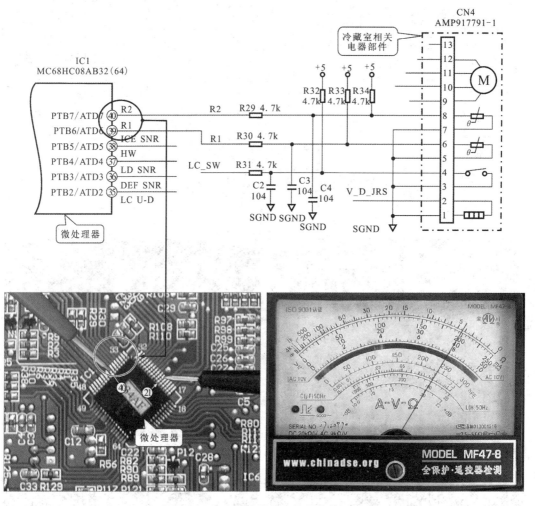

图 8-40 温度传感器输入信号的检测

8.4 新型电冰箱变频电路的故障检修

8.4.1 新型电冰箱变频电路的结构特点和电路分析

1. 新型电冰箱变频电路的结构特点

变频电路是应用变频技术的新型电冰箱（变频电冰箱）中特有的电路，其主要的功能就是为电冰箱的变频压缩机提供驱动电流，用来调节压缩机的转速，实现电冰箱制冷的自动控制和高效节能。

图 8-41 所示为新型电冰箱的变频电路，该电路直流 300 V 电压送到变频电路板上，经

电路板内部的电源电路进行处理后，为芯片和控制晶体管等供电。控制电路为变频电路送来控制信号，控制变频电路的工作状态。变频驱动电路根据控制信号对6个晶体管进行控制。

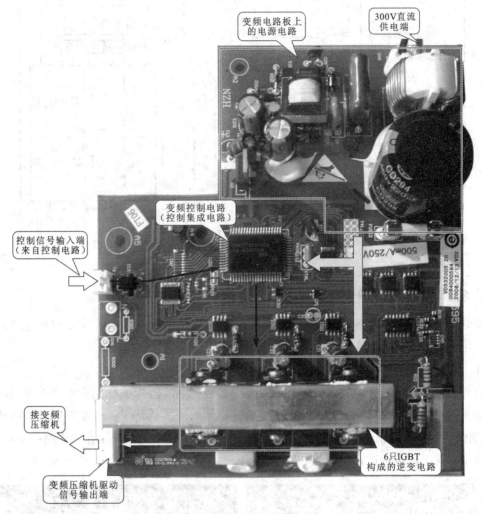

图 8-41 新型电冰箱的变频电路

2. 新型电冰箱变频电路的电路分析

变频电冰箱中，变频电路主要的功能就是为电冰箱的变频压缩机提供变频电流，用来调节压缩机的转速，实现电冰箱制冷剂的循环控制，图 8-42 所示变频电冰箱中变频电路的流程框图。

从图中可以看出，电源电路板和控制电路板输出的直流 300 V 电压为逆变器（6 只 IGBT）以及变频驱动电路进行供电，同时由控制电路板输出的控制信号经变频控制电路和信号驱动电路后，控制逆变器中的 6 只 IGBT 轮流导通或截止，为变频压缩机提供所需的变频驱动信号，变频驱动信号加到变频压缩机的三相绕阻端，使变频压缩机启动，进行变频运转，驱动制冷剂循环，进而达到电冰箱变频制冷的目的。

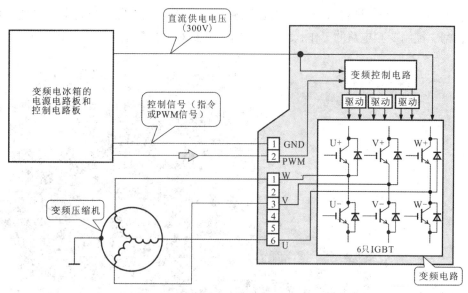

图 8-42 变频电冰箱中变频电路的流程框图

8.4.2 新型电冰箱变频电路的检修方法

变频电路出现故障经常会引起电冰箱出现不制冷、制冷效果差等故障，对该电路进行检修时，可依据变频电路的信号流程对可能产生故障的部位进行逐级排查。

1．对怀疑故障的变频电路输出的压缩机驱动信号进行检测

首先启动电冰箱，将示波器的接地夹接地，然后将示波器探头分别靠近变频电路的驱动信号输出端（U、V、W 端），观察变频压缩机的驱动信号波形情况。若变频压缩机驱动信号正常,则说明变频电路正常。若无输出或输出异常,则多为变频电路未工作或电路中存在故障,应进一步对其工作条件进行检测，如图 8-43 所示。

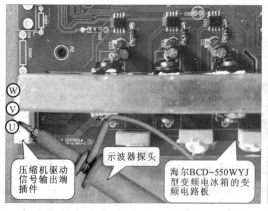
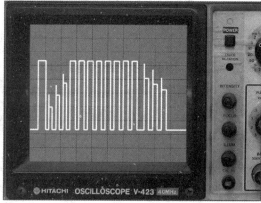

图 8-43 变频电路输出的压缩机驱动信号的检测

2．供电电压的检测

首先将万用表的量程旋钮调至"直流 500 V"电压挡，然后将万用表黑表笔搭在 +300 V

供电端的接地引线上，红表笔搭在 +300 V 直流供电端引线上。正常情况下，万用表测得电压值在 270 ~ 300 V 之间，若测得供电电压不正常，则应对该变频电冰箱的电源电路进行检测，如图 8-44 所示。

图 8-44 变频电路直流供电电压的检测

3. 对控制电路送来的 PWM 驱动信号进行检测

启动电冰箱，将示波器接地夹接地，探头搭在 PWM 信号输入端。正常情况下，应能够测得由控制电路送来的 PWM 驱动信号的信号波形。若无此波形，则应检测控制电路部分。若经检测，变频电路的供电电压正常、控制电路送来的 PWM 信号波形也正常，而变频电路无输出，则多为变频电路故障，应重点对变频电路中的易损元件即 IGBT 进行检测，如图 8-45 所示。

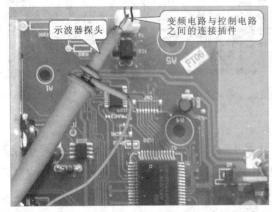
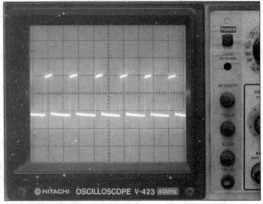

图 8-45 变频电路输入端 PWM 驱动信号的检测

4. 对变频电路中的 IGBT 进行检测

检测时将万用表置于"×1 k"欧姆挡，万用表黑表笔搭在 IGBT 的发射极（E）引脚端，万用表红表笔搭在 IGBT 的集电极（C）引脚端。正常时，应检测到一固定电阻值（4.5 kΩ）。若实测为零，表明 IGBT 已击穿短路；若实测无穷大，则多为 IGBT 内部断路，应进行更换，如图 8-46 所示。

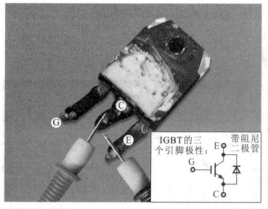

图 8-46 发射极引脚端与集电极引脚端之间阻值的检测

保持万用表挡位不变,用万用表检测 IGBT 其他任意两只引脚间的电阻值。检测 IGBT 时,只有红表笔接集电极(C),黑表笔接发射极(E)时,才能够检测到一固定值,其他引脚之间的正反向阻值均为无穷大。若实测时发现 IGBT 引脚间阻值异常,应用同型号的 IGBT 进行更换,如图 8-47 所示。

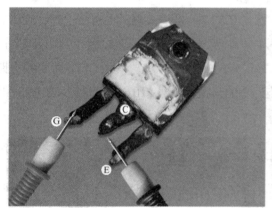

图 8-47 检测 IGBT 其他任意两脚间的电阻值

【信息扩展】

在上述检测过程中,对变频压缩机驱动信号及 PWM 驱动信号进行检测时,使用示波器进行测试,若不具备该检测条件时,也可以用万用表测电压的方法进行检测和判断。

首先万用表挡位设置在:"交流 250 V"电压挡,然后将万用表红黑表笔分别搭在变频压缩机驱动信号输出端(U、V、W 端)任意两端上,如图 8-48 所示。正常时可检测到在 50 ~ 200 V 范围内的交流电压。若检测电压过低,则说明变频电路中有损坏的元器件。

将万用表挡位设置在:"直流 10 V"电压挡,然后将万用表黑表笔搭在接地端,红表笔搭在 PWM 驱动信号输入端上,如图 8-49 所示。正常时可检测到 2.5 V 左右的直流电压(脉冲信号的平均电压)。若无该电压,则说明无 PWM 信号输入,即控制电路部分无输出,应对控制电路部分进行检测。

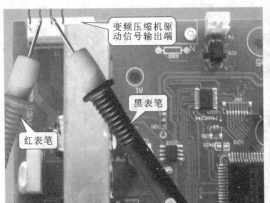

图 8-48　变频电路输出变频压缩机驱动信号的电压检测

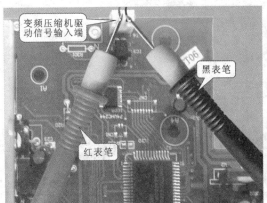

图 8-49　使用万用表检测变频电路输入的 PWM 驱动信号

第9章

新型空调器电路系统的故障检修

9.1 新型空调器遥控电路的故障检修

9.1.1 新型空调器遥控电路的结构特点和电路分析

图 9-1 所示为新型空调器的遥控电路（遥控发射及接收电路），其中遥控发射电路部分是指遥控发射器内一个发送遥控指令的独立电路单元，用户通过遥控发射器将人工指令信号

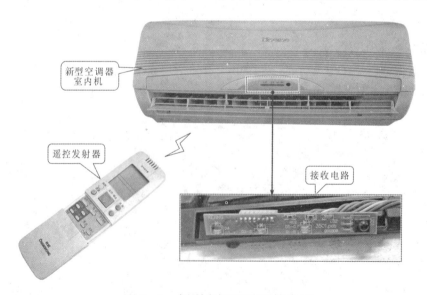

图 9-1　新型空调器的遥控电路

以红外光的形式发送至新型空调器的遥控接收电路中；遥控接收电路部分将接收的红外光信号转换成电信号，并进行放大，滤波和整形处理变成控制脉冲，然后送至新型空调器室内机的微处理器中，向微处理器发送人工指令。

1. **新型空调器遥控发射电路的结构特点和电路分析**

新型空调器的遥控发射电路实际上是指遥控发射器，遥控发射器是对新型空调器进行近距离控制的指令发射器。用户在使用时，通过遥控发射器将人工指令信号经红外发光二极管发送给新型空调器的遥控接收电路，来控制新型空调器的工作，图 9-2 所示为遥控发射器的实物外形。

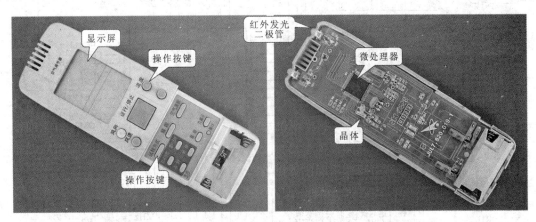

图 9-2 遥控发射器的实物外形

红外发光二极管的主要功能是将电信号变成红外光信号并发射出去。通常安装在遥控发射器的前端部位，如图 9-3 所示。

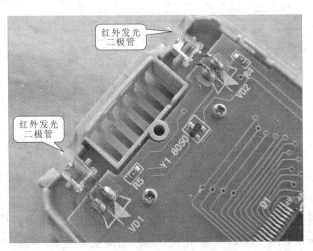

图 9-3 红外发光二极管的安装部位及实物外形

图 9-4 所示为新型空调器的遥控发射电路，从图可看出，该电路主要由微处理器 IC1（TMP47C422F）、4 MHz 晶体振荡器 Z2、32.768 kHz 晶体振荡器 Z1、显示屏、热敏电阻 TH、红外发光二极管 LED1 及 LED2、晶体、操作矩阵电路等组成。

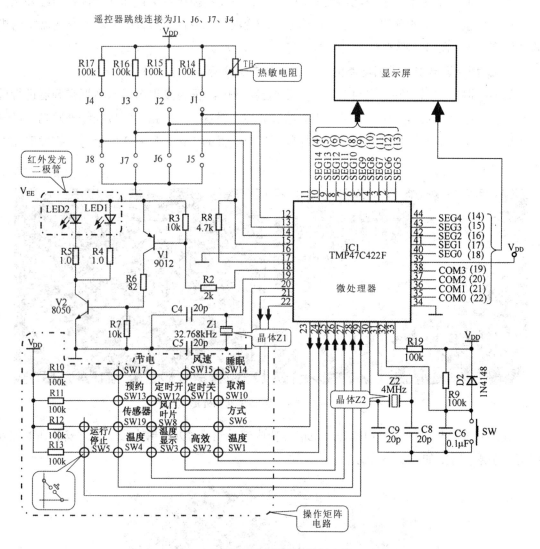

图 9-4 新型空调器的遥控发射电路

（1）双时钟晶振电路

该遥控发射器采用双时钟晶体振荡电路，其中，由晶体 Z2，电容 C8、C9（容量为 20 pF）和微处理器的⑩、⑪脚构成 4 MHz 的高频主振荡器，振荡器产生的 4 MHz 脉冲信号经分频后为调制编码电路提供 38 kHz 的载波信号。

由晶体 Z1，电容 C4、C5（容量为 20 pF）和微处理器的⑩脚、⑳脚构成 32 kHz（准确值为 32.768 kHz）的低频副振荡器，其输出主要是供时间信号或显示电路使用。

在正常情况下，晶体振荡电路的工作电压范围为：主振荡器的一个引脚为 2.8 ～ 3 V，另一个引脚为 0 ～ 0.6 V；副振荡器一个引脚为 1.21 ～ 1.49 V。用示波器检测晶体振荡电路时，副振荡器输出正弦波，在任何时候都可以观测到；主振荡器波形只有在发射时才可以观测到，同样为正弦波。

（2）操作矩阵电路

在操作矩阵电路中，微处理器的 9 个引脚组成矩阵，满足系统的控制要求。微处理器的㉑～㉔脚是扫描脉冲发生器的 4 个输出端，高电平有效；㉕～㉙脚是键控信号编码器的 5 个输入端，低电平有效。4 个输出端和 5 个输入端构成 4×5 键矩阵，可以有 20 个功能键位，但实际上只使用了 17 个功能键位。微处理器的⑪脚、⑫脚、⑬脚、⑭脚控制的是跳线设置端，以适用此系列的不同机型。

在遥控器工作时，微处理器的㉑～㉔脚输出时序扫描脉冲，3 V 电压经限流电阻为微处理器供电，微处理器的㉚脚接电源负极。当闭合某个功能键时，相应的两条交叉线被短接，相应的扫描脉冲通过按键开关输入到微处理器的㉕～㉙脚中的一个对应引脚。

（3）微处理器芯片

在微处理器芯片内部设有定时门、键控输入／输出电路、数据寄存器、指令编码器、控制器（编码调制器）等，如图 9-5 所示。其中定时门键控输出电路输出定时扫描脉冲，在定时脉冲的作用下，键控输出电路能产生数种相位不同的扫描信号。

遥控发射器的键矩阵电路与微处理器的内部扫描电路和键控信号编码器构成了键控输入电路，键控输入电路根据按键矩阵不同键位输入的脉冲信号，向数据寄存器输出相应的地址码，数据寄存器是一个只读存储器（ROM），预先存储了各种规定的操作指令码。

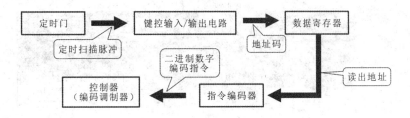

图 9-5 微处理器芯片内部信号流程示意图

当闭合某个功能键时，相应的扫描脉冲通过按键开关输入到微处理器的㉕～㉙脚中的一个对应引脚。这样微处理器中只读存储器的相应地址被读出，然后送到内部指令编码器，将其转换成相应的二进制数字编码指令（以便遥控器中的微处理器识别），再送往编码调制器。在编码调制器中，38 kHz 载频信号被编码指令调制，形成调制信号，再经缓冲器后从微处理器的⑱脚输出至晶体三极管 V1 的基极，经放大后推动红外线发光二极管 LED1、LED2 发出被 38 kHz 调制的红外线信号，并通过发射器前端的辐射窗口发射出去。

（4）显示电路

显示电路中，在显示器的驱动电极上加上驱动信号就可显示字符和数字。显示屏由微处理器的多个输出信号推动，分为地址位（COM1 ～ COM4）和数据位（SEG0 ～ SEG17），其中地址位与显示屏的 4 个公共电极相连，数据位与显示屏相应的数字段电极相连。通过对数据位及地址位的控制，可以显示不同信息，如图 9-6 所示。在正常情况下，各段位电压在 1.32 ～ 1.44 V 之间（视机型而定）。

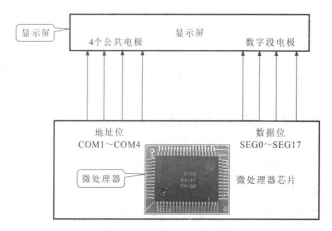

图 9-6 液晶显示电路框图

2. 新型空调器遥控接收电路的结构特点和电路分析

图 9-7 所示为新型空调器中遥控接收电路的实物外形。

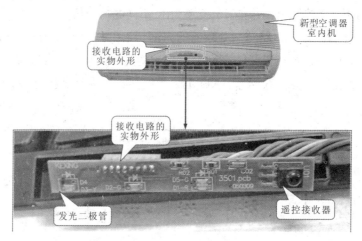

图 9-7 新型空调器中遥控接收电路的实物外形

由图可知，新型空调器的遥控接收电路主要是由发光二极管以及遥控接收器等构成。

遥控接收器主要用来接收由遥控发射器发出的人工指令，并将接收到的信号进行放大、滤波以及整形等处理，然后将其转换成脉冲控制信号，送到室内机的控制电路中，为控制电路提供人工指令，图 9-8 所示为遥控接收器 U01 的实物外形。

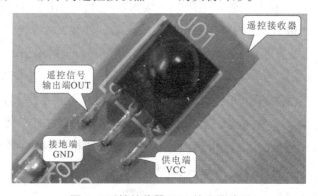

图 9-8 遥控接收器 U01 的实物外形

由图可知，遥控接收电路中的遥控接收器主要有三个引脚端，分别为接地端、电源供电端和信号输出端。操作遥控器时，接收电路应能接收到相应的遥控信号。

图 9-9 所示为新型空调器遥控接收电路的功能框图。新型空调器工作时，用户通过遥控发射器向新型空调器室内机发出红外光启动指令，遥控接收电路在接收到红外光启动指令后，将红外光信号转换为电信号，并将该信号传送给微处理器。微处理器收到人工指令后便会根据程序启动新型空调器的各种电气元件，使整机进入工作状态。

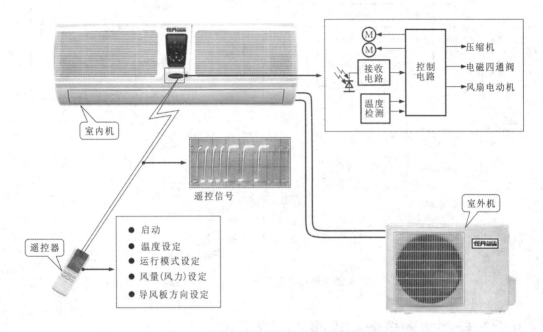

图 9-9 新型空调器遥控接收电路的功能框图

图 9-10 所示为新型空调器遥控接收电路的工作原理图。遥控接收电路由接口 CN8 接收控制电路传输的工作电压，分别为发光二极管、遥控接收器等提供工作电压。插件接口与空调器的控制电路相连，用于数据的传输。

当遥控接收器接收到遥控发射器发送来的红外脉冲信号后，将红外脉冲信号转换成电信号并经处理后从①脚输出，经插件接口 CN8 的⑤脚将遥控接收信号送入微处理器中，为控制电路输入人工指令信号。

新型空调器工作后，由微处理器将新型空调器的工作状态信息，经插件 CN8 反馈到遥控接收电路，驱动发光二极管发光显示新型空调器当前的工作状态。

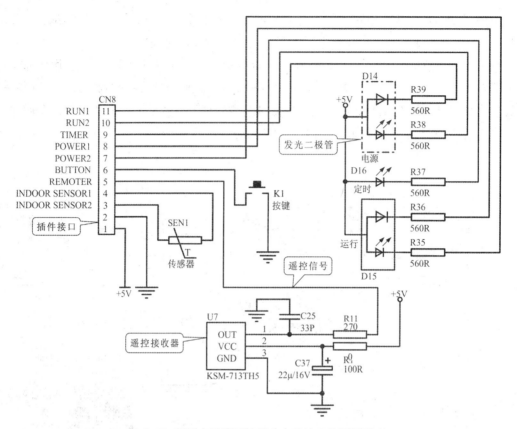

图 9-10 新型空调器遥控接收电路的工作原理图

9.1.2 新型空调器遥控电路的检修方法

新型空调器的遥控发射及接收电路是空调器实现人机交互和显示工作状态的部分，若该电路出现故障经常会引起控制失灵、显示异常等现象，对该电路进行检修时，可依据故障现象分析出产生故障的原因，并根据遥控发射及接收电路的信号流程对可能产生故障的部件逐一进行排查。

1. 新型空调器遥控发射电路的检修方法

当遥控发射及接收电路出现故障时，可首先判断遥控发射器是否正常，在遥控发射器正常的前提下，再对室内机中的遥控接收电路进行检测。

（1）对遥控发射器本身的性能进行检测

首先打开手机照相的功能，将遥控发射器对准手机照相机（摄像头），按动遥控发射器的操作按键。正常情况下，当按下遥控发射器的按键时，通过手机的照相功能可以清楚地观察到红外发光二极管发出的红外光，如图 9-11 所示。若无法看到明显的红外光，则多为遥控发射器异常，应对其内部电路进行检测。

（2）对遥控发射电路中的红外发光二极管进行检测

检查确认遥控发射电路供电良好后，对遥控发射电路中的红外发光二极管进行检测，首先将万用表挡位调整至"×10 k"欧姆挡，然后黑表笔搭在红外发光二极管的正极上，红表

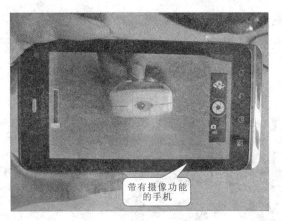

图 9-11 遥控发射器的检测

笔搭在红外发光二极管的负极上。正常情况下,万用表可测得正向阻值为 40 kΩ,如图 9-12 所示。

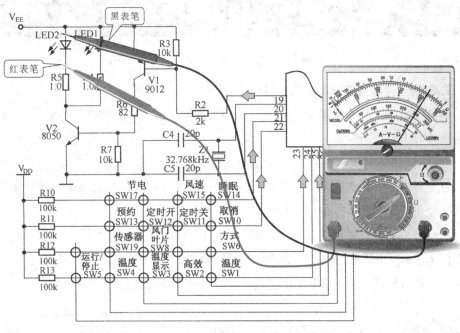

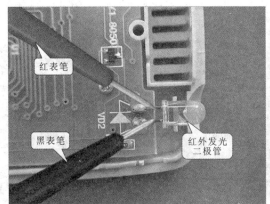

图 9-12 红外发光二极管正向阻值的检测

将黑表笔搭在红外发光二极管的负极上，红表笔搭在红外发光二极管的正极上。正常情况下，万用表可测得红外发光二极管的反向阻值为无穷大。若检测红外发光二极管的值与正常值偏差较大，则表明遥控发射器的红外发光二极管可能损坏，应进行更换，以排除故障，如图 9-13 所示。

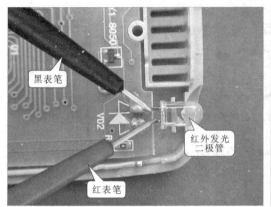

图 9-13　红外发光二极管反向阻值的检测

2. 新型空调器遥控接收电路的检修方法

遥控发射器正常，而新型空调器的遥控功能显示异常，则需进一步对新型空调器室内机的遥控接收电路进行检测。

（1）对遥控接收电路中的供电电压进行检测

首先将万用表的黑表笔搭在③脚接地端上，红表笔搭在遥控接收器的供电端引脚②脚上。正常情况下，万用表测得的电压为直流 5 V。

然后黑表笔搭在遥控接收器的②脚上，红表笔搭在遥控接收器的③脚上，如图 9-14 所示。正常情况下，万用表测得的电压为直流 5 V，若测得遥控接收器的供电电压不正常，则需要对电源部分进行检测；若供电电压正常，则对遥控接收器的输出信号进行检测。

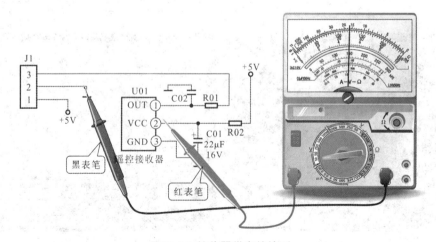

图 9-14　接收器供电的检测

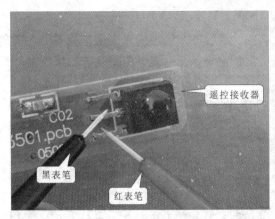

图 9-14 接收器供电的检测（续）

（2）对遥控接收电路输出的信号进行检测

首先将示波器的接地夹接地,然后将探头的另一端搭在遥控接收器的①脚上。正常情况下,当操作遥控发射器时,在遥控接收器的输出引脚端可检测到遥控信号波形, 若使用示波器无法检测到遥控接收器输出的遥控信号,则表明遥控接收器可能损坏。若遥控信号正常,而遥控功能仍不正常,则多为后级控制电路部分异常,应对控制电路进行检测,如图 9-15 所示。

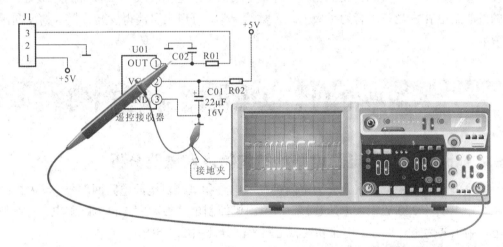

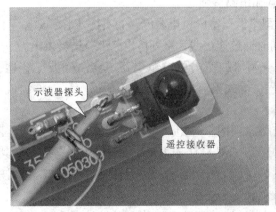
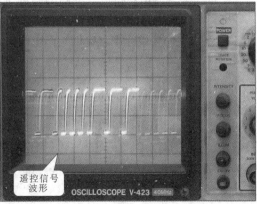

图 9-15 遥控接收器输出信号的检测

（3）对遥控接收电路中的发光二极管进行检测

首先将万用表的量程调整至"×10 k"欧姆挡，然后将万用表的黑表笔搭在发光二极管的正极上，红表笔搭在发光二极管的负极上。正常情况下，万用表可测得发光二极管的正向阻值为 20 kΩ，如图 9-16 所示。

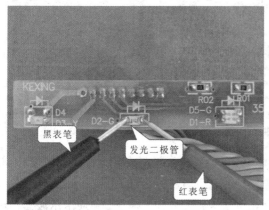

图 9-16 发光二极管正向阻值的检测

接下来测量发光二极管的反向阻值，将万用表的黑表笔搭在发光二极管的负极上，将万用表的红表笔搭在发光二极管的正极上。正常情况下，万用表可测得发光二极管的反向阻值为无穷大。

9.2 新型空调器电源电路的故障检修

9.2.1 新型空调器电源电路的结构特点和电路分析

新型空调器的电源电路主要分为室内机电源电路和室外机电源电路两部分，室内机的电源电路与市电交流 220 V 输入电压连接，为室内机控制电路板和室外机电路供电，而室外机电源电路则主要为室外机控制电路和变频电路等部分提供工作电压。

1. 新型空调器室内机电源电路的结构特点和电路分析

图 9-17 所示为海信 KFR-35GW/06ABP 型空调器室内机电源电路的实物外形，该电路主要用于对室内机的各单元电路提供工作电压，同时通过连接线为室外机电路部分进行供电。

由图可知，海信 KFR-35GW/06ABP 型空调器的室内机电源电路主要由滤波电容器、互感滤波器、熔断器、过压保护器、降压变压器、桥式整流电路、三端稳压器等元器件组成，室内机电源电路位于室内机主电路板中一侧。

图 9-18 所示为新型空调器室内机电源电路原理图。该电路主要由互感滤波器 L05、降压变压器、桥式整流电路（D02、D08、D09、D10）、三端稳压器 IC03（LM7805）等构成，其中互感滤波器采用互感原理消除来自外部电网的干扰；桥式整流电路是由四个整流二极管按规定的顺序安装构成。

空调器开机后，交流 220 V 为室内机供电，先经滤波电容 C07 和互感滤波器 L05 滤波处

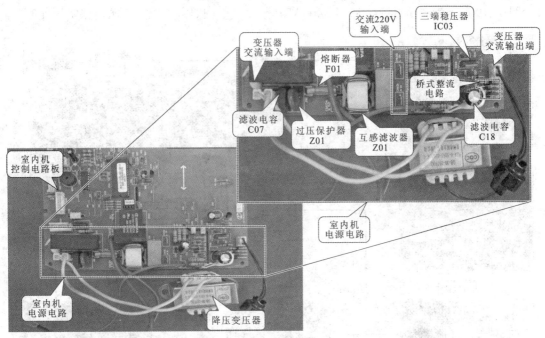

图 9-17 海信 KFR-35GW/06ABP 型空调器室内机电源电路的实物外形

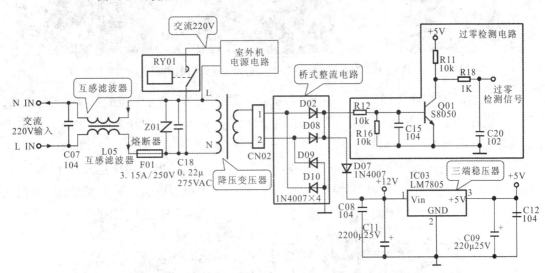

图 9-18 新型空调器室内机电源电路原理图

理后,经熔断器 F01 分别送入室外机电源电路和室内电源电路板中的降压变压器。

　　室内机电源电路中的降压变压器将输入的交流 220 V 电压进行降压处理后输出交流低电压,再经桥式整流电路以及滤波电容后,输出 +12 V 的直流电压,为其他元器件以及电路板提供工作电压。

　　+12 V 直流电压经三端稳压器内部稳压后输出 +5 V 电压,为新型空调器室内机各个电路提供工作电压。

　　2. 新型空调器室外机电源电路的结构特点和电路分析

　　新型空调器室外机的电源电路主要用于为室外机控制电路和变频电路等部分提供工作电

压，图 9-19 所示为海信 KFR-35GW/06ABP 型变频空调器室外机的电源电路实物外形。

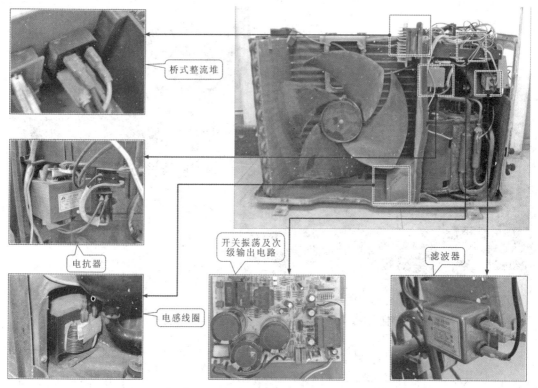

桥式整流堆

电抗器

电感线圈

开关振荡及次级输出电路

滤波器

图 9-19 海信 KFR-35GW/06ABP 型变频空调器室外机的电源电路实物外形

由图可知，海信 KFR-35GW/06ABP 型变频空调器室外机电源电路主要由桥式整流堆、电抗器、电感线圈、滤波器、开关振荡及次级输出电路等构成。其中开关振荡及次级输出电路的主要器件有继电器、滤波电容器、开关晶体管、发光二极管等，如图 9-20 所示。

新型空调器室外机的电源是由室内机通过导线供给，交流 220 V 电压送入室外机后，分成两路，一路经整流滤波后为变频模块供电，另一路经开关电源电路后形成直流低压为微处

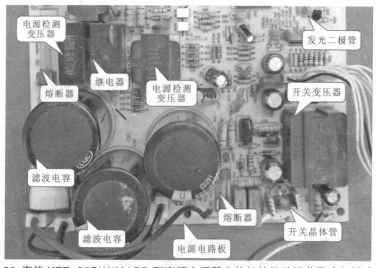

电源检测变压器

发光二极管

继电器

电源检测变压器

开关变压器

熔断器

滤波电容

熔断器

开关晶体管

滤波电容

电源电路板

图 9-20 海信 KFR-35GW/06ABP 型变频空调器室外机的开关振荡及次级输出电路

理器和控制电路供电，如图9-21所示。

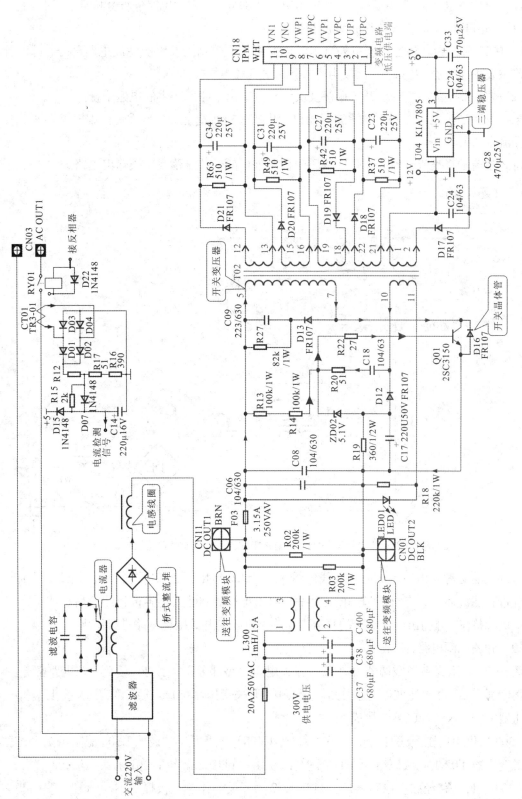

图9-21 新型空调器室外机电源电路原理图

新型空调器室外机电源电路较为复杂，我们可以将新型空调器室外机电源电路分为交流输入及整流滤波电路和开关振荡及次级输出电路两部分，分别对电路进行分析。

（1）室外机的交流输入及整流滤波电路

图 9-22 所示为新型空调器室外机电源电路中的交流输入及整流滤波电路部分，可以看到电路主要由滤波器、电抗器、滤波电容、桥式整流堆等构成。

滤波器主要是滤除室外机开关振荡及次级整流输出电路所产生的电磁干扰。

电抗器和滤波电容器用来对滤波器输出的电压进行平滑滤波，为桥式整流堆提供波动较小的交流电。

桥式整流堆将整流输出的 300 V 电压送往室外机的开关振荡及次级输出电路。

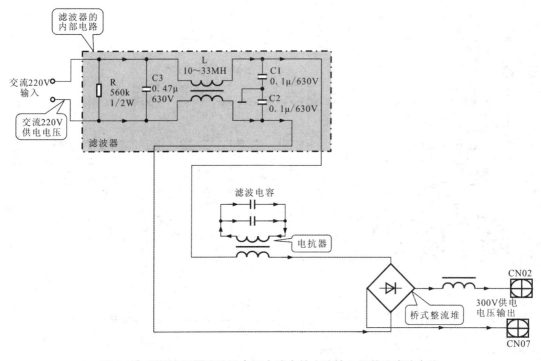

图 9-22 新型空调器室外机电源电路中的交流输入及整流滤波电路

室外机的电源是由室内机通过导线供给，交流 220 V 电压送入室外机后，由滤波器对电磁干扰进行滤波后送到电抗器和滤波电容中，再由电抗器和滤波电容进行滤波后送往桥式整流堆中进行整流，并输出约 300 V 的直流电压为室外机的开关电源电路进行供电。

（2）开关电源电路

图 9-23 所示为新型空调器室外机的开关电源电路部分，由图可以看到，该电路部分主要由熔断器 F02、互感滤波器、开关晶体管 Q01、开关变压器 T02、次级整流、滤波电路和三端稳压器 U04（KIA7805）等构成。

+300 V 供电电压经滤波电容（C37、C38、C400）以及互感滤波器 L300 滤除干扰后，送到开关变压器 T02 的初级绕组，经 T02 的初级绕组加到开关晶体管 Q01 的集电极。

+300 V 另一路经启动电阻 R13、R14、R22 为开关晶体管基极提供启动信号，开关晶体

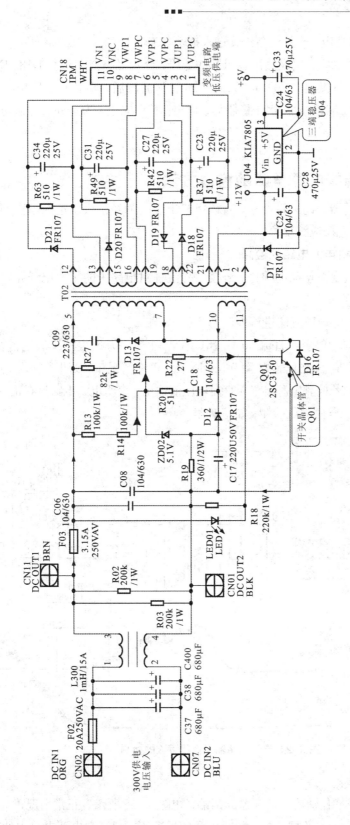

图9-23 新型空调器室外机的开关电源电路部分

管开始启动，开关变压器 T02 的初级绕组（⑤脚和⑦脚）产生启动电流，并感应至 T02 的次级绕组上，其中，正反馈绕组（⑩脚和⑪脚）将感应的电压经电容器 C18、电阻器 R20 反馈到开关晶体管（Q01）的基极，使开关晶体管进入振荡状态。

开关变压器正常工作后，其次级输出多组脉冲低压，分别经整流二极管 D18、D19、D20、D21 整流后为控制电路进行供电；经 D17、C24、C28 整流滤波后，输出 +12 V 电压。

12 V 直流低电压经三端稳压器 U04 稳压后，输出 +5 V 电压，为室外机控制电路提供工作电压。

9.2.2 新型空调器电源电路的检修方法

电源电路是新型空调器中的关键电路，若该电路出现故障经常会引起新型空调器不能开机、压缩机不工作、操作无反应等现象。

1. 新型空调器室内机电源电路的检修

对新型空调器室内机电源电路的检修，可按信号流程对电路中的重要电子元器件进行测量，查找故障线索。

（1）对电源电路输出的低压直流进行检测

首先将万用表的量程调整至"直流 50 V"电压挡，然后将万用表的黑表笔搭在接地端，红表笔搭在 +5 V 的低压直流输出端，如图 9-24 所示。正常情况下，万用表应测得电源电路输出的低压直流为 +5 V，若检测电源电路无直流电压值输出，表明电源电路没有正常工作（或负载对地短路），应对保护器件进行检测，如熔断器。

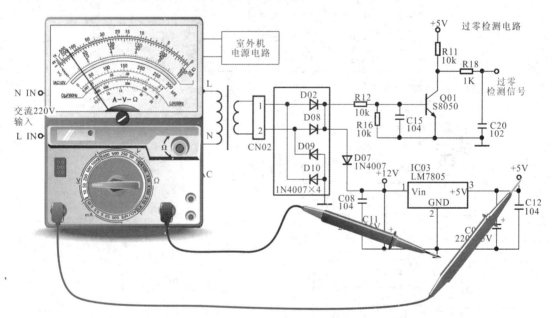

图 9-24 电源电路输出低压直流的检测

（2）对熔断器进行检测

将万用表的红、黑表笔分别搭在熔断器的两端，如图 9-25 所示。正常情况下，万用表测得熔断器两引脚间的阻值为零欧姆。在熔断器正常的情况下，若检测电源电路中的其中一路直流电压值无输出，则应对前级电路中的三端稳压器或整流部分进行检测，如图 9-25 所示。

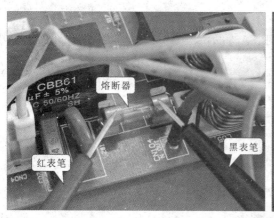

图 9-25 熔断器的检测

【要点提示】

　　引起熔断器烧坏的原因很多，但引起熔断器烧坏的多数情况是交流输入电路或开关电路中有过载现象。这时应进一步检查电路，排除过载元器件后，再开机。否则即使更换保险丝后，可能还会烧断。

　　（3）对三端稳压器进行检测

　　首先将万用表的量程调整至"直流 50 V"电压挡，然后将万用表的黑表笔搭在接地端，红表笔搭在三端稳压器的电压输入端，如图 9-26 所示。正常情况下，万用表应测得 12V 的直流电压送入三端稳压器中。若检测三端稳压器的输入电压正常，而输出电压不正常，表明三端稳压器本身损坏；若输入的电压值不正常，则表明前级电路不能正常工作，应按供电流程，对前级电路中的桥式整流电路进行检测。

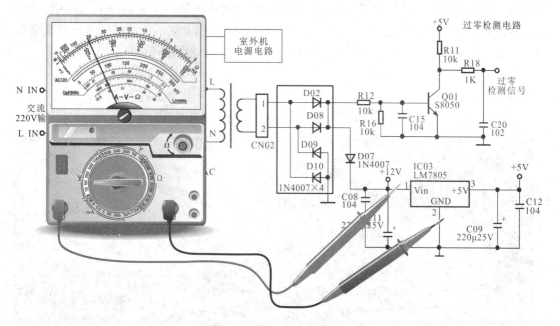

图 9-26 三端稳压器的检测

（4）对桥式整流电路进行检测

由于桥式整流电路是由四个整流二极管构成，所以在检测桥式整流电路是否正常时，可以分别检测四个整流二极管的正反向阻值是否正常。首先将万用表的黑表笔搭在整流二极管的正极，红表笔搭在整流二极管的负极，如图 9-27 所示。正常情况下，万用表测得整流二极管的正向阻值为 8.5 Ω。

图 9-27 整流二极管正向阻值的检测

接着检测整流二极管反向的阻值，将万用表的黑表笔搭在整流二极管的负极，红表笔搭在整流二极管的正极。正常情况下，万用表测得整流二极管的反向阻值为无穷大。若检测其中一只整流二极管损坏时，应对其进行更换；若检测桥式整流电路均正常，怀疑电源电路中的降压变压器无输出，应对降压变压器进行检测。

【要点提示】

在路检测桥式整流电路中的整流二极管时，很可能会受到外围元器件的影响，导致实测结果不一致，也没有明显的规律，而且具体数值也会因电路结构的不同而有所区别。因此，若经在路初步检测怀疑整流二极管异常时，可将其从电路板上取下后再进行进一步检测和判断。通常，开路状态下，整流二极管应满足正向导通、反向截止的特性。

（5）对降压变压器进行检测

变频空调器室内机通电后，将万用表的红、黑表笔分别搭在降压变压器的电压输入端，如图 9-28 所示。正常情况下，万用表测得降压变压器的输入电压值为交流 220 V。

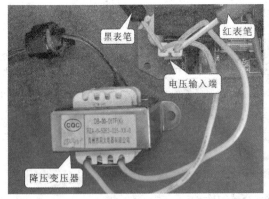

图 9-28 降压变压器输入端电压值的检测

将万用表的红、黑表笔分别搭在降压变压器的电压输出端,如图9-29所示。正常情况下,万用表测得降压变压器的输出电压值为12 V,若检测降压变压器的输入电压正常,而输出电压不正常,表明降压变压器本身损坏,应对其进行更换。

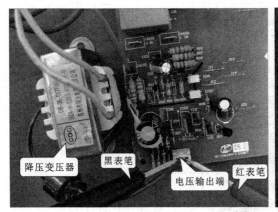

图9-29 降压变压器输出电压值的检测

2. 新型空调器室外机电源电路的检修方法

若经检测新型空调器室内机电源电路均正常,但新型空调器仍然存在故障,此时,则需要对新型空调器室外机的电源电路部分进行检测。

(1)对开关振荡及次级输出电路中的电压进行检测

首先将万用表的量程调整至"直流50 V"电压挡,万用表的黑表笔搭在接地端,红表笔搭在直流低压的输出端。正常情况下,应在开关变压器的次级输出端,检测出+12 V直流电压,若检测输出的某一直流电压值不正常,则需要对稳压器或整流二极管进行检测,具体检测方法可参考室内机电源电路的检测方法;若检测无任何的直流电压输出,则应对室外机的供电部分进行检测,即与室内机的连接端子处检测电压。怀疑空调器室外机电源电路异常时,可首先检测电路输出的电压是否正常。若输出电压正常,表明室内机电源电路正常,应检测其他电路部分;若无输出电压或输出电压异常,再对电源电路本身进行检测,如图9-30所示。

(2)对端子板进行检测

首先检查通讯端接插件,然后将通讯端接插件的螺钉拧松,取下接插件对其检查,如发现室外机端子板上通信线路的接插件损坏,需将其更换。空调器电源部分端子板上的接插件多为U形接插件,在更换时,最好使用与原接插件大小相同的接插件进行代换。若经检查线路连接良好,而室外机电源电路工作仍异常时,应重点检查室外机电源电路中的300 V直流电压是否正常,即检测桥式整流堆的输出电压是否正常,如图9-31所示。

(3)对桥式整流堆进行检测

将万用表的红、黑表笔分别搭在桥式整流堆的交流输入端的两引脚,如图9-32所示。正常情况下,万用表测得桥式整流堆输入的电压值为交流220 V。

将万用表的黑表笔搭在桥式整流堆的负极输出端,红表笔搭在桥式整流堆的正极输出端。正常情况下,万用表测得桥式整流堆输出的电压值为直流300 V,若检测桥式整流堆的输入电压正常,而输出电压不正常,则表明桥式整流堆损坏,应以同型号进行更换。若桥式整流

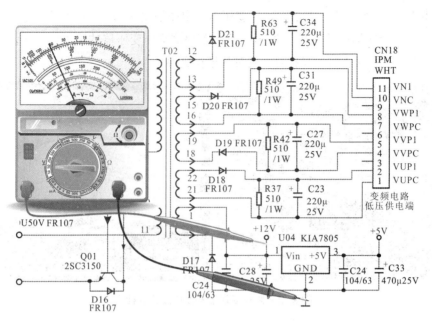

图 9-30 开关振荡及次级输出电路中电压的检测

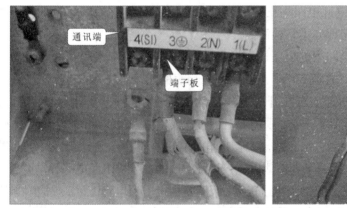

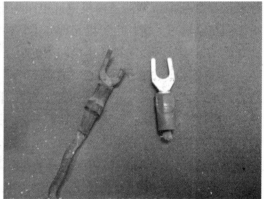

图 9-31 连接端子片的检测

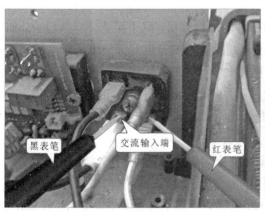

图 9-32 桥式整流堆输入端电压值的检测

堆输出的电压值正常,而电源电路还是无任何电压输出,则需要对开关变压器进行检测。

（4）对开关变压器进行检测

由于开关变压器输出的脉冲电压很高，在对开关变压器进行检测时，可以采用感应法判断开关变压器是否工作。接通空调器电源，将示波器的接地夹接地，探头靠近开关变压器的磁心部分。正常情况下，示波器可感应到脉冲信号波形。若检测开关变压器的脉冲信号正常，表明开关变压器及开关振荡电路正常；若检测开关变压器无脉冲信号波形，则说明开关振荡电路没有工作，应对开关振荡电路中的开关晶体管进行检测，如图9-33所示。

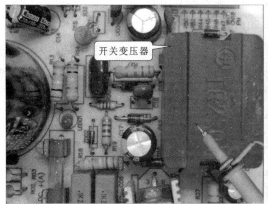
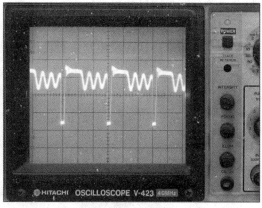

图9-33 开关变压器的检测

（5）对开关晶体管进行检测

首先将万用表的量程调整至"×10"欧姆挡（若开路检测开关晶体管时应将量程调整至"×1 k"欧姆挡），然后将万用表的黑表笔搭在开关晶体管的基极（b）引脚端，红表笔搭在开关晶体管的集电极（c）引脚端，如图9-34所示。正常情况下，万用表应测得有一定的阻值。

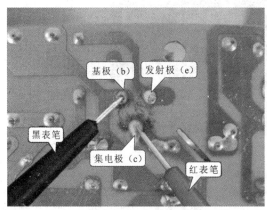

图9-34 晶体管的基极与集电极引脚端之间阻值的检测

接着将万用表的黑表笔搭在开关晶体管的基极（b）引脚端，红表笔搭在开关晶体管的发射极（e）引脚端。正常情况下，万用表应测得有一定的阻值，只有在黑表笔接基极（b），红表笔接集电极（c）或发射极（e）时，万用表会显示一定的阻值，其他引脚间的阻值均为无穷大。若检测开关晶体管的阻值与实际值相差较大时，可能是开关晶体管本身损坏，应对其进行更换，以排除电源电路的故障。

9.3 新型空调器控制电路的故障检修

9.3.1 新型空调器控制电路的结构特点和电路分析

新型空调器的控制电路是以微处理器为核心的电路，也是新型空调器的控制核心。通常，在新型空调器的室内机和室外机中均设有独立的微处理器控制电路。

1. 新型空调器室内机控制电路的结构特点和电路分析

新型空调器室内机控制电路主要由微处理器、存储器、陶瓷谐振器、复位电路、接口电路、传感器和继电器等部分构成，它的功能是接收遥控指令，同时接收传感器的信息，通过对输入信息的识别，根据程序输出各种控制指令，通过继电器、通信电路等对整机进行控制。

图 9-35 所示为海信 KFR-35GW/06ABP 型变频空调器的室内机控制电路实物图。

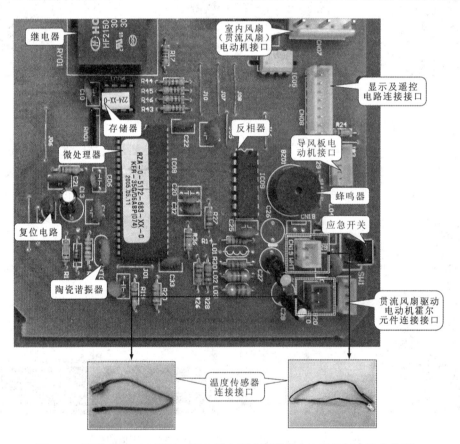

图 9-35 海信 KFR-35GW/06ABP 型变频空调器的室内机控制电路实物图

图 9-36 所示为新型变频空调器的室内机控制电路原理图（海信 KFR-35GW/06ABP 型）。该电路是以微处理器 IC08 为核心的自动控制电路，微处理器与存储器之间通过数据线和时钟线进行数据传输，微处理器的㉝脚至㊳脚输出蜂鸣器及风机驱动信号。

室内机控制电路中微处理器 IC08 的⑲脚和⑳脚与陶瓷谐振器 XT01 相连，该陶瓷谐振器

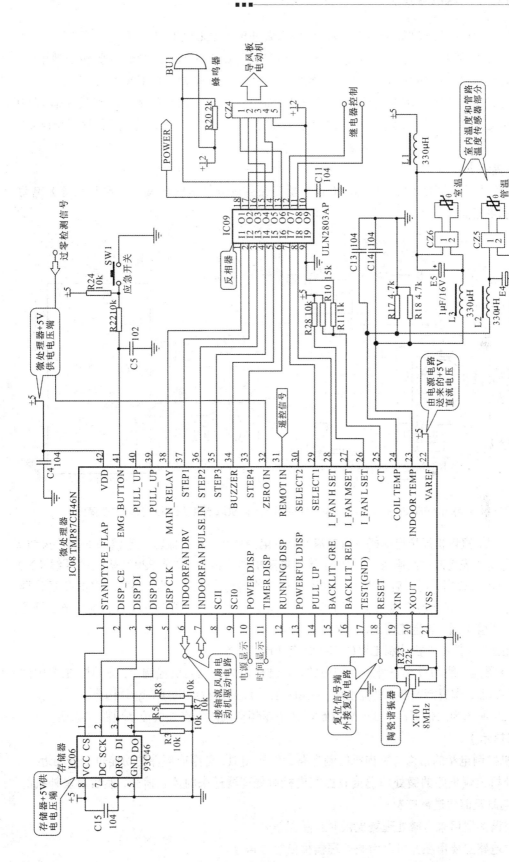

图9-36　新型变频空调器的室内机控制电路原理图（海信 KFR-35GW/06ABP 型）

是用来产生 8 MHz 的时钟晶振信号,该信号作为微处理器 IC08 的工作条件之一。

微处理器 IC08 的①脚、③脚、④脚和⑤脚与存储器 IC06 的①脚、②脚、③脚和④脚相连,分别为片选信号(CS)、时钟信号(SK)、数据输入(DI)和数据输出(DO)。

除此之外,微处理器 IC08 的㉝脚~㉘脚输出蜂鸣器以及风机的驱动信号,经反相器 IC09 后控制蜂鸣器及风机工作。⑩脚和⑪脚输出电源和时间显示控制信号,送往操作显示电路板。⑱脚为复位信号端,用来连接复位电路。

【要点提示】

图 9-37 所示为海信 KFR-35GW/06ABP 型变频空调器的室内机风扇(贯流风扇)电动机驱动控制电路简图。

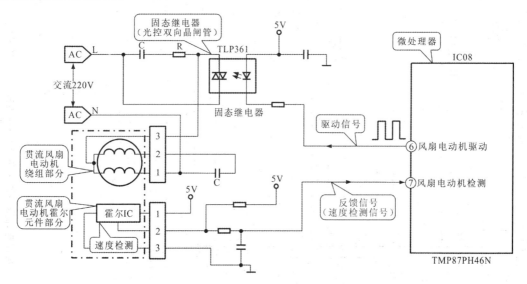

图 9-37 海信 KFR-35GW/06ABP 型变频空调器室内机风扇电动机驱动控制电路简图

从图可见,室内机风扇电动机是由交流 220 V 电源供电,在交流输入电路的 L 端(火线)经固态继电器(光控双向晶闸管)TLP361 接到电动机的公共端,交流 220 V 输入的零线(N)加到电机的运行绕组,再经启动电容 C 加到电动机的启动绕组上。当 TLP361 中的晶闸管导通时才能有电压加到电动机绕组上,TLP361 中的晶闸管受发光二极管的控制,当发光二极管发光时,晶闸管导通,有电流流过。

2. 新型空调器室外机控制电路的结构特点和电路分析

新型空调器一般均设有室外机控制电路,其结构组成与室内机控制电路相似,主要由微处理器、存储器、陶瓷谐振器、复位电路、接口电路、传感器和继电器等部分构成。

图 9-38 所示为海信 KFR-35GW/06ABP 型变频空调器的室外机控制电路实物图。

【要点提示】

室外机控制电路的结构与室内机控制电路的结构相似,各组成部件的功能也十分相近。

• 室外机控制电路的微处理器接收由室内机微处理器送来的控制信号,然后对室外机的各个部件电路及部件进行控制。

• 陶瓷谐振器用来为微处理器提供时钟晶振信号。

• 复位电路主要用在开机时为微处理器提供复位信号。

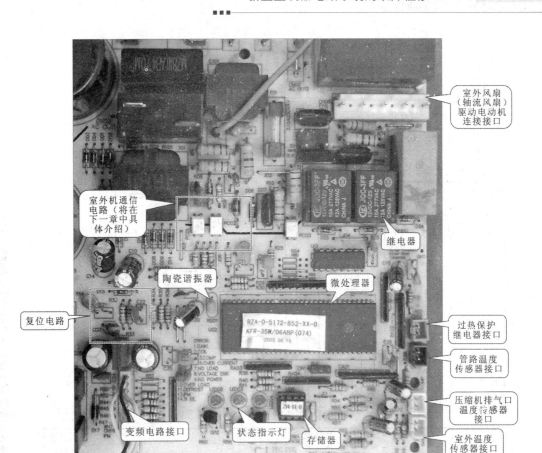

图 9-38 海信 KFR-35GW/06ABP 型变频空调器的室外机控制电路实物图

● 存储器用于存储室外机系统运行的一些状态参数，例如，压缩机的运行曲线数据、变频电路的工作数据等。

● 各连接接口及相关外围电路构成室外机控制电路控制各电气部件的接口、驱动或控制电路，其中主要包括：室外风扇（轴流风扇）驱动电动机驱动电路、电磁四通阀控制电路、通信接口电路、变频接口电路、传感器接口电路等。

图 9-39 所示为新型空调器室外机的控制电路原理图。

室外机的微处理器芯片为 U02 TMP88PS49N，它通过各种接口与外部电路连接。RA01 ~ RA06 为排电阻器；CA01 为排电容器。

（1）供电电路

新型空调器开机后，由室外机电源电路送来的 +5 V 直流电压为空调器室外机控制电路部分的微处理器 U02 以及存储器 U05 提供工作电压。其中微处理器 U02 的㊿脚和㉔脚为 +5 V 供电端，存储器 U05 的⑧脚为 +5 V 供电端。

（2）复位和时钟电路

室外机控制电路得到工作电压后，由复位电路 U03 为微处理器提供复位信号，微处理器开始运行工作。

同时，陶瓷谐振器 RS01（16 M）与微处理器内部振荡电路构成时钟电路，为微处理器

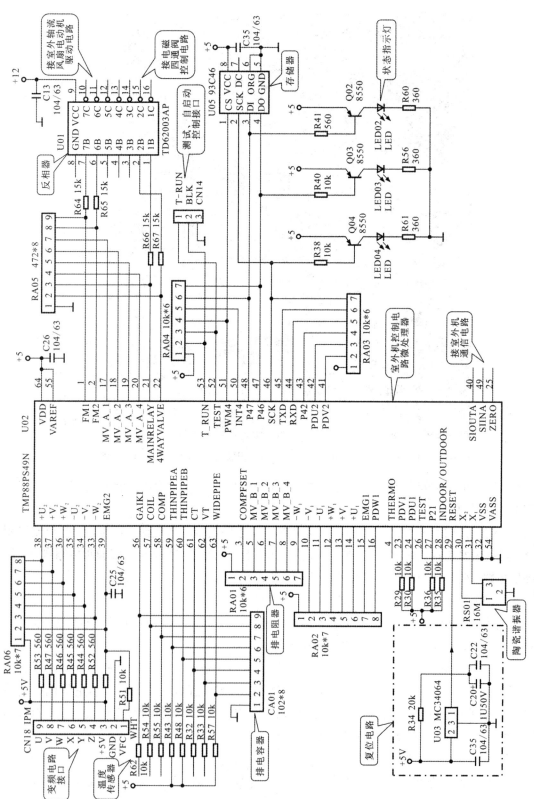

图 9-39 新型空调器室外机的控制电路原理图（海信 KFR-35GW/06ABP 型）

提供时钟信号。

（3）存储器电路

存储器 U05（93C46）用于存储室外机系统运行的一些状态参数，例如，压缩机的运行曲线数据、变频电路的工作数据等。存储器在其②脚（SK）的作用下，通过④脚将数据输出，③脚输入运行数据，室外机的运行状态通过状态指示灯指示出来。

（4）室外风扇（轴流风扇）电动机驱动电路

图 9-40 所示为新型空调器室外风扇（轴流风扇）电动机驱动电路。从图中可以看出，室外机微处理器 U02 向反相器 U01（ULN2003A）输送驱动信号，该信号从反相器 U01 的①脚、⑥脚送入。反相器接收驱动信号后，控制继电器 RY02 和 RY04 导通或截止。通过控制继电器的导通／截止，从而控制室外风扇电动机的转动速度，使风扇实现低速、中速和高速的转换。

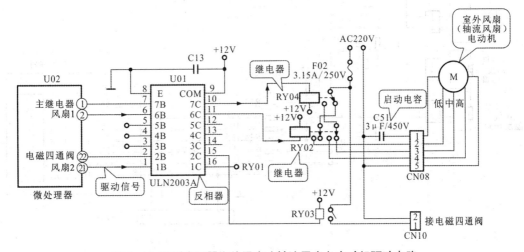

图 9-40 新型空调器室外风扇（轴流风扇）电动机驱动电路

（5）电磁四通阀控制电路

空调器电磁四通阀的线圈供电是由微处理器控制，其控制信号经过反相放大器后去驱动继电器，从而控制电磁四通阀的动作。

图 9-41 所示为新型空调器电磁四通阀的控制电路。在制热状态时，室外机微处理器 U02 输出控制信号，送入反相器 U01（ULN2003A）的②脚中，反相器放大的控制信号经⑮脚输出，使继电器 RY03 工作。通过继电器的触点来控制电磁四通阀的供电电压，从而对内

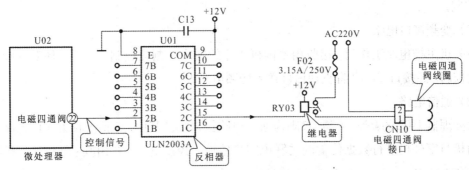

图 9-41 新型空调器电磁四通阀的控制电路

部电磁导向阀阀芯的位置进行控制,进而改变制冷剂的流向。

(6) 传感器接口电路

室外机中设有一些温度传感器为室外微处理器提供工作状态信息,例如,室外温度传感器、管路温度传感器以及压缩机吸气口、排气口温度传感器等均为室外机微处理器提供参考信息。

图 9-42 所示为该新型空调器的传感器接口电路部分。

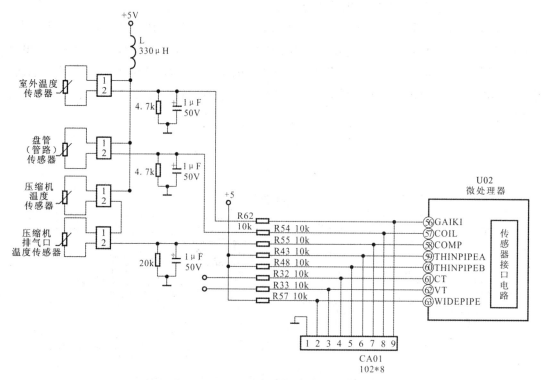

图 9-42 新型空调器的传感器接口电路部分

设置在室外机检测部位的温度传感器通过引线和插头接到室外机控制电路板上。经接口插件与直流电压 +5V 和接地电阻相连,然后加到微处理器的传感器接口引脚端。温度变化时,温度传感器的阻值会发生变化。温度传感器与接地电阻构成分压电路,分压点的电压值会发生变化,首先把该电压送到微处理器中,经内部传感器接口电路的 A/D 变换器,将模拟电压量转换成数字信号,提供给微处理器进行比较判别,以确定对其他部件的控制。

(7) 变频接口电路

室外机主控电路工作后,接收由室内机传输的制冷／制热控制信号后,便对变频电路进行驱动控制,经接口 CN18 将驱动信号送入变频电路中。

(8) 通信电路

微处理器 U02 的㊵脚、㊾脚、㉕脚为通信电路接口端。其中,㊾脚接收由通信电路(空调器室内机与室外机进行数据传输的关联电路)传输的控制信号,并由其㊵脚将室外机的运行和工作状态数据经通信电路送回室内机控制电路中。

9.3.2　新型空调器控制电路的检修方法

控制电路是新型空调器中的关键电路，若该电路出现故障经常会引起新型空调器整机不启动、制冷／制热异常、制冷／制热不能切换、操作或显示不正常等现象。

1.　新型空调器室内机控制电路的检修方法

对新型空调器室内机控制电路进行检修，主要应对控制电路的工作条件和输入、输出信号进行检测，从而查找故障线索。

（1）对室内机控制电路输出的贯流风扇电动机驱动信号进行检测

将万用表的黑表笔搭在室内机微处理器的接地端㉑脚，红表笔搭在室内机微处理器的贯流风扇电动机驱动信号输出端（⑥脚），如图 9-43 所示。正常情况下，测得室内机微处理器输出的驱动信号平均电压值为 4.8 V。若测得驱动信号正常，而贯流风扇电动机不工作，则应对微处理器驱动信号输出引脚外接元件（如固态继电器等）及贯流风扇电动机本身进行检测；若微处理器无驱动信号输出，不能直接判断为微处理器损坏，应先检测其供电电压、时钟信号、复位信号及存储器等是否正常。

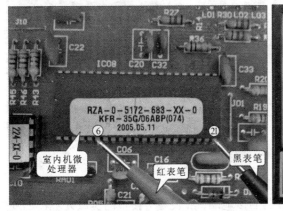

图 9-43　室内机微处理器的贯流风扇电动机驱动信号的检测

（2）对室内机控制电路中微处理器的直流供电电压进行检测

首先将万用表挡位调至直流 10 V 电压挡，然后将万用表的黑表笔搭在室内机微处理器的接地端，红表笔搭在 IC08 的供电端（以㉔脚为例），如图 9-44 所示。正常情况下，万用表读数为 5 V。若电压不正常或无电压，应对供电引脚外围元件及室内机的电源电路进行检测；若测得电压正常，则可继续检测其他相关电路。

（3）对室内机控制电路中微处理器的时钟信号进行检测

将示波器的接地夹接地，将探头搭在 IC08 的时钟信号引脚上（⑲脚、⑳脚），如图 9-45 所示。正常情况下，测得室内机微处理器的时钟信号波形。若时钟信号不正常，则可能是陶瓷谐振器或微处理器损坏；若时钟信号正常，则可进行下一步检测。

【要点提示】

若时钟信号异常，可能为陶瓷谐振器损坏，也可能为微处理器内部振荡电路部分损坏，可进一步用万用表检测陶瓷谐振器引脚阻值的方法判断其好坏。正常情况下陶瓷谐振器两端之间的电阻应为无穷大。

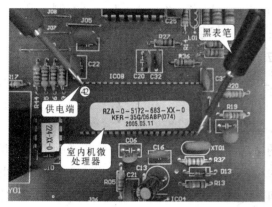

图 9-44　室内机微处理器的供电电压的检测

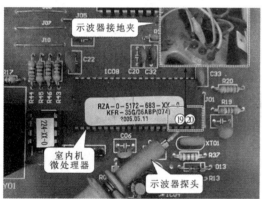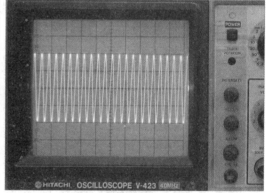

图 9-45　室内机微处理器的时钟信号的检测

（4）对室内机控制电路中微处理器的复位信号进行检测

首先将万用表的黑表笔搭在室内机微处理器的接地端，红表笔搭在室内机微处理器的复位端（⑱脚），如图 9-46 所示。正常情况下，开机瞬间在微处理器复位端应能够检测到 0 ~ 5 V 的电压跳变。若复位信号异常，应对复位电路中各元件进行检测；若复位信号也正常，则可进行下一步检测。

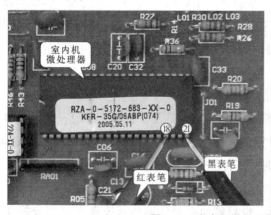

图 9-46　室内机微处理器的复位信号的检测

(5) 对室内机控制电路中微处理器的外部存储器进行检测

检测电路中器件的电阻值时，应首先切断电路的电源。将万用表的黑表笔搭在存储器的接地端，红表笔依次搭在存储器的各引脚上，检测存储器各引脚对地的阻值，如图9-47所示。正常情况下，存储器引脚对地有一定的阻值。综合上述几步检测可了解微处理器各工作条件的基本情况。若存在异常，对相应电路进行检修并排除故障；若条件均正常，则可进行下一步检测。

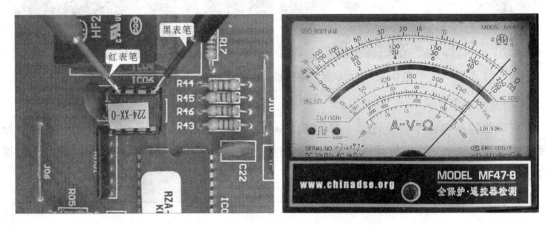

图9-47 室内机微处理器外部存储器的检测

【信息扩展】

正常情况下，存储器各引脚的正向和反向对地阻值见表9-1所列，若实测的阻值与标准值差异过大，则可能是存储器本身损坏。

表9-1 存储器各引脚之间的对地阻值　　　　（万用表挡位为：×1kΩ）

引脚	正向对地阻值	反向对地阻值	引脚	正向对地阻值	反向对地阻值
①	5.0	8.0	⑤	0	0
②	5.0	8.0	⑥	0	0
③	5.0	8.0	⑦	∞	∞
④	4.5	7.5	⑧	2	2

另外，也可以在通电状态下，检测存储器的供电电压、数据及时钟信号的方法，判断存储器的好坏。若存储器在供电电压、时钟和数据信号均正常的情况下，无法正常工作，则可能是其本身已经损坏。

(6) 对室内机控制电路中微处理器输入端的遥控信号进行检测

在操作遥控的同时，将示波器的接地夹接地，将探头搭在IC08的遥控信号输入引脚上（㉛脚），如图9-48所示。正常情况下，测得遥控信号。若无遥控信号输入，则可能是遥控发射或接收电路故障；若遥控信号正常，且在其工作条件正常的前提下，微处理器无控制信号输出，则多为微处理器本身损坏，应进行更换。

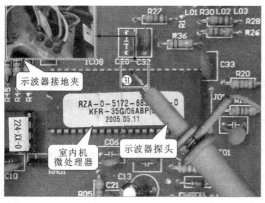
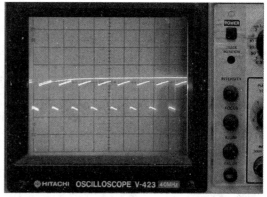

图 9-48 室内机微处理器输入端的控制信号的检测

【信息扩展】

　　室内机控制电路中微处理器（TMP87CH46N）的内部结构，如图 9-49 所示。在对微处理器的各引脚输入、输出信号进行检测前，对微处理器的各引脚功能及内部结构进行了解很有必要。

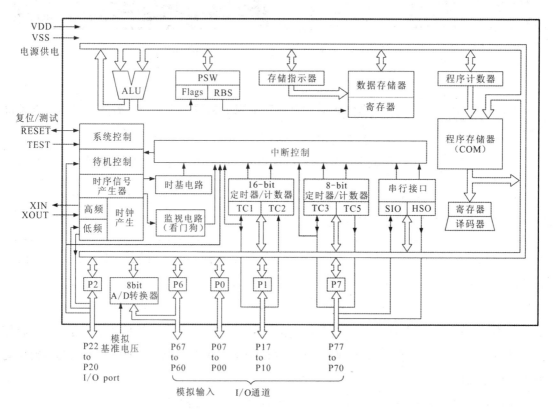

图 9-49 室内机控制电路中微处理器（TMP87CH46N）的引脚功能及内部结构

　　在检测微处理器本身的性能时，还可以使用万用表检测微处理器各引脚间的正反向阻值来判断微处理器是否正常。检测正向对地阻值时，应将黑表笔搭在微处理器的接地端，红表笔依次搭在其他引脚上；检测反向对地阻值时，应将红表笔搭在微处理器接地端，黑表笔依次搭在其他引脚上。

正常情况下,该新型空调器中室内机微处理器 TMP87CH46N 各引脚的对地阻值见表 9-2 所列。

表 9-2 微处理器 TMP87CH46N 各引脚的正反向对地阻值(万用表挡位为:×1kΩ)

引脚	正向	反向	引脚	正向	反向	引脚	正向	反向
①	5.0	8.0	⑮	8.0	13.0	㉙	7.5	13.0
②	6.5	7.0	⑯	8.0	13.0	㉚	7.5	13.0
③	5.0	8.0	⑰	0.0	0.0	㉛	7.5	13.0
④	4.8	7.5	⑱	6.0	8.5	㉜	8.0	12.0
⑤	5.0	8.0	⑲	8.0	13.5	㉝	7.5	9.0
⑥	8.0	13.0	⑳	8.0	13.5	㉞	6.5	9.0
⑦	7.5	13.0	㉑	0.0	0.0	㉟	6.5	9.0
⑧	7.0	12.5	㉒	2.0	2.2	㊱	6.5	9.0
⑨	8.0	13.0	㉓	3.5	3.5	㊲	6.5	9.0
⑩	8.0	13.0	㉔	3.5	3.5	㊳	6.5	9.0
⑪	8.0	13.0	㉕	2.0	2.0	㊴	8.0	∞
⑫	8.0	13.0	㉖	6.5	11.0	㊵	7.5	13.0
⑬	8.0	13.0	㉗	7.5	13.0	㊶	8.0	11.0
⑭	8.0	13.0	㉘	7.5	13.0	㊷	2.0	2.0

2. 新型空调器室外机控制电路的检修方法

(1) 对室外机控制电路输出的轴流风扇电动机驱动信号进行检测

首先将万用表功能旋钮置于"直流 10 V"电压挡,然后将万用表的黑表笔搭在室外机微处理器的接地端,红表笔搭在室外机轴流风扇电动机驱动信号输出端(㉒脚),检测该点的驱动信号,如图 9-50 所示。若信号正常,轴流风扇电动机不运转或运转异常,应检测驱动电路中的反相器、继电器等器件。正常情况下,应能检测到一定的电压值(几伏)。若无驱动信号输出,则可能微处理器故障或未工作,可参照室内机控制电路的检测方法来确认微处理器是否正常。

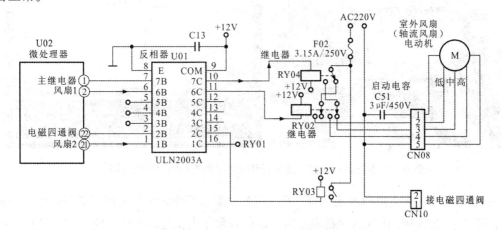

图 9-50 室外机控制电路输出的轴流风扇驱动信号的检测

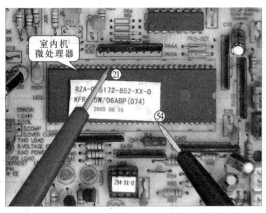 

图 9-50 室外机控制电路输出的轴流风扇驱动信号的检测（续）

（2）对室外机控制电路中微处理器输出的电磁四通阀的控制信号进行检测

首先将万用表功能旋钮置于"直流 10 V"电压挡，然后将万用表的黑表笔搭在室外机微处理器的接地端，红表笔搭在电磁四通阀的控制信号输出端（⑫脚），检测该点的控制信号，如图 9-51 所示。若信号正常，而电磁四通阀不能换向，应检测控制电路中的反相器、继电器等器件。正常情况下，应能检测到一定的电压值（几伏）。若无控制信号输出，则可能微处理器故障或未工作，可参照室内机控制电路的检测方法来确认微处理器是否正常。

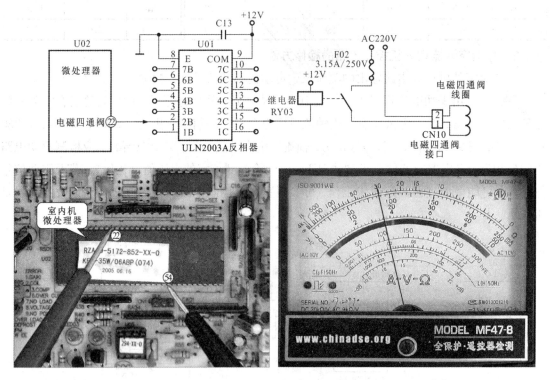

图 9-51 室外机控制电路输出的电磁四通阀的控制信号的检测

与室内机控制电路的判别方法相同，若在实际检测过程中，室外机控制电路在工作条件满足的前提下，若输入控制信号（包括温度传感器信号和室内微处理器送来的通信信号）正常，而无任何输出，则说明微处理器本身损坏，进行更换，即可排除故障。

若输入控制信号正常，而某一项控制功能失常，即某一路控制信号输出异常，则多为微处理器相关引脚外围元件（如继电器、反相器等）失常，找到并更换损坏元件即可排除故障。

当控制电路中微处理器输出的控制信号或驱动信号正常，而受控对象（如风扇电动机、电磁四通阀等）不能正常动作时，对中间经过的继电器和反相器进行检测是十分重要的环节。

图9-52所示为继电器RY02线圈阻值的检测方法。一般可在断电状态下检测继电器线圈阻值和继电器触点的状态来判断继电器的好坏（以室外机轴流风扇电动机控制继电器RY02为例）。

实测时万用表量程旋钮置于"×100"欧姆挡，然后将万用表的红黑表笔分别搭在继电器线圈两只引脚焊点上。正常情况下，继电器的线圈有一定的阻值，实测为250 Ω。

继电器RY02的实物外形

继电器RY02线圈两引脚的焊点

图9-52 继电器RY02线圈阻值的检测

正常时在继电器RY02线圈两端引脚上（①脚、⑧脚），测得阻值趋于零或无穷大则说明其已损坏，应进行更换。

若继电器线圈阻值正常，可参照电路图中，明确其触点在常态下的状态，然后用万用表电阻挡检测其触点。正常情况下，常开触点两引脚阻值应为无穷大；常闭触点两引脚阻值应为零，否则，说明继电器触点异常，应进行更换。

【信息扩展】

图9-53所示为**海信KFR-35GW/06ABP变频空调器室外机轴流风扇电动机控制电路及继电器对照图，结合电路图和电路板印制线，可查找出继电器的引脚顺序、供电电压输入端，以便准确检测。**

（3）对控制电路中反相器进行检测

反相器ULN2003的检测方法如图9-54所示，正常时测得反相器ULN2003各引脚的对地阻值见表9-3所列。若检测出的阻值与正常值偏差较大，说明该反相器已损坏，需进行更换。

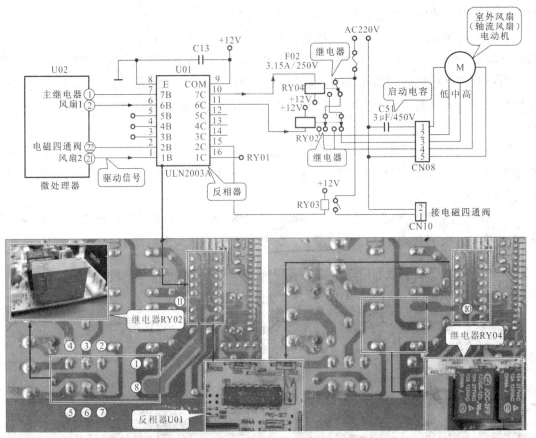

图 9-53 海信 KFR-35GW/06ABP 变频空调器室外机轴流风扇电动机控制电路及继电器对照图

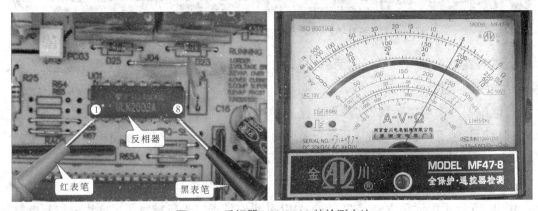

图 9-54 反相器 ULN2003 的检测方法

表 9-3 反相器 ULN2003 各引脚对地阻值　　　　　　　　单位：Ω

引脚	对地阻值	引脚	对地阻值	引脚	对地阻值	引脚	对地阻值
①	500	⑤	500	⑨	400	⑬	500
②	650	⑥	500	⑩	500	⑭	500
③	650	⑦	500	⑪	500	⑮	500
④	650	⑧	接地	⑫	500	⑯	500

新型空调器室外机控制电路的检测方法与室内机控制电路的检测方法基本相同。如工作条件的检测、温度传感器信号的检测等均相同，不同的是由于其控制对象不同，所输出的控制信号有所区别。

9.4　新型空调器通信电路的故障检修

9.4.1　新型空调器通信电路的结构特点和电路分析

1. 新型空调器通信电路的结构特点

新型空调器的通信电路是实现新型空调器室内机与室外机之间进行数据传输的电路。图9-55所示为新型空调器中的通信电路部分（海信 KFR-35GW/06ABP 型）。

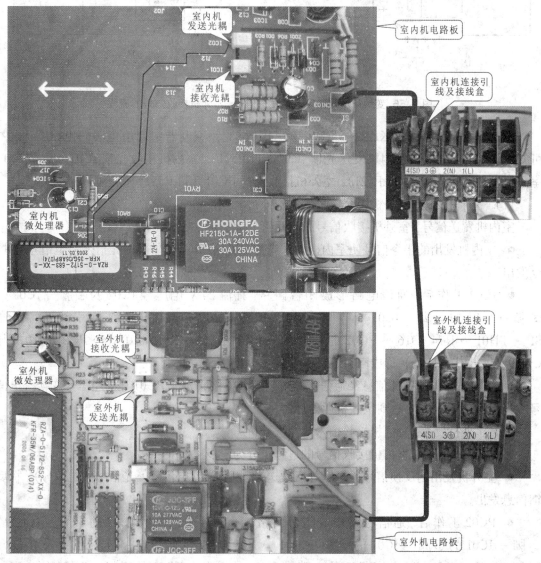

图9-55　新型空调器中的通信电路部分（海信 KFR—35GW/06ABP 型）

2. 新型空调器通信电路的电路分析

通信电路主要用于新型空调器中室内机和室外机电路板之间进行数据传输。图 9-56 为变频空调器其室内机发送信号、室外机接收信号的流程。

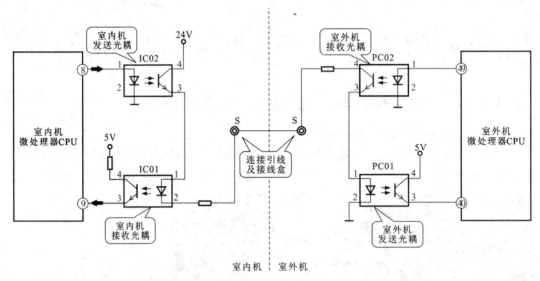

图 9-56 变频空调器其室内机发送信号、室外机接收信号的流程

图 9-57 所示为海信 KFR—35GW/06ABP 型变频空调器中通信电路的电路图，由图可知，该电路主要是由室内机发送光耦 IC02（TLP521）、室内机接收光耦 IC01（TLP521）、室外机发送光耦 PC02（TLP521）、室外机接收光耦 PC01（TLP521）等构成。

（1）室内机发送、室外机接收信号的流程分析

室内机发送信号、室外机接收信号的过程可分为三步：

● 室内机发出的指令信号使室内机发送光耦 IC02 工作（电信号→光信号→电信号），指令发出。

● IC02 工作后，通信电路形成闭合回路：直流 24 V 电压经 IC02 的④脚→IC02 的③脚→IC01 的①脚→IC01 的②脚→D01→R01、R02→通信电路连接引线及接线盒 SI→TH01→R74、D16→PC02 的④脚→PC02 的③脚→PC01 的①脚→PC01 的②脚与 CN19（供电引线 N 端）形成回路。

● 室内机发出的脉冲信息经通信线路传到室外机接收光耦 PC01 中，经信号变换（电信号→光信号→电信号），送到室外机微处理器。

（2）室外机发送、室内机接收信号的流程分析

室外机发送信号、室内机接收信号的过程可分为三步：

● 室外机发出的反馈信号通过室外机发送光耦 PC02（电信号→光信号→电信号），将反馈信息发出。

● PC02 工作后，通信电路形成闭合回路：直流 24 V 电压经 IC02 的④脚→IC02 的③脚→IC01 的①脚→IC01 的②脚→D01→R01、R02→通信电路连接引线及接线盒 SI→TH01→R74、D16→PC02 的④脚→PC02 的③脚→PC01 的①脚→PC01 的②脚与

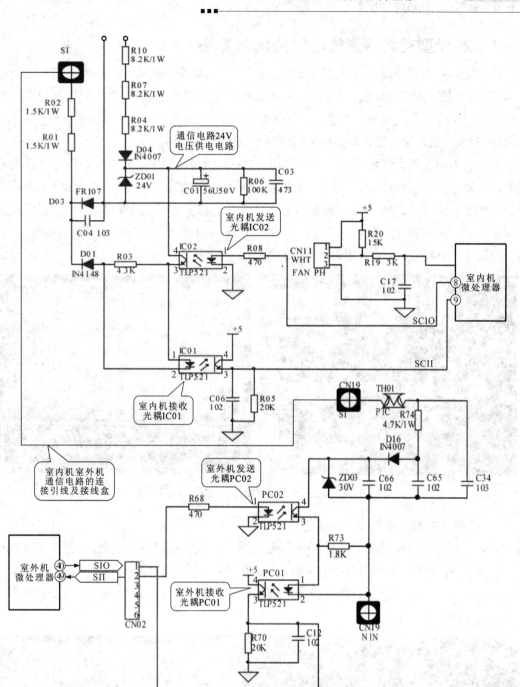

图 9-57 海信 KFR—35GW/06ABP 型变频空调器中通信电路的电路图

CN19（供电引线 N 端）形成回路（与室内机发送信号使通信回路相同，不过由于室内机发送信号与室外机发送信号具有一定的时间差（约 50 ms），因此无论在哪种状态下，通信回路中的信号都是单方向的）。

● 通信闭合回路使室内机接收光耦 IC01 工作（电信号→光信号→电信号），反馈信号送达。

9.4.2 新型空调器通信电路的检修方法

通信电路是变频空调器中重要的数据传输电路，若该电路出现故障通常会引起空调器室外机不运行或运行一段时间后停机等不正常现象，对该电路进行检修时，可根据通信电路的信号流程对可能产生故障的部件逐一进行排查。

1. 对室内机与室外机之间连接引线接线盒处的电压进行检测

首先将万用表挡位调至"直流 50 V"电压挡，然后将黑表笔搭在接线盒 N 端，红表笔搭在通信线路连接引线接线盒的 SI 端，如图 9-58 所示。正常情况下，电压应在 0 ~ 24 V 之间变化，若电压维持在 24 V 左右，则多为室外机微处理器未工作，应查通信电路；若电压仅在零至十几伏之间变换，多为室外机通信电路故障；若电压为 0 V，则多为室内机中的 24 V 通信电路供电电路异常，应对供电电路进行检测。

图 9-58 检测通信电路中间接线盒处的电压情况

2. 检测通信电路的 24 V 供电电压

首先将万用表挡位调至"直流 50 V"电压挡，然后将黑表笔搭在稳压二极管 ZD01 的负极，红表笔搭在稳压二极管 ZD01 的正极，如图 9-59 所示。正常情况下，电压应为 24 V。若实测电压为 0 V，则应检测该 24 V 供电电路中的相关器件，如限流电阻、整流二极管等；若正常，则可进行下一步检测。

图 9-59 通信电路的 24 V 供电电压的检测

3. 检测通信光耦输入和输出端的电压状态

首先将万用表挡位调至"直流 50 V"电压挡，然后将万用表的黑表笔搭在光耦发光二极管侧②脚上，红表笔搭在光耦发光二极管①脚上，检测输入端电压，如图 9-60 所示。正常情况下，万用表检测时指针应处于摆动状态，为变化的电压；若实测电压为恒定值，可检测前级微处理器的输出是否正常。

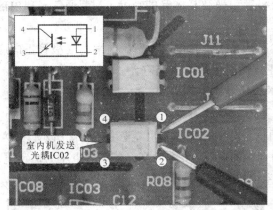

图 9-60 通信光耦输入端电压状态的检测

首先将万用表挡位调至"直流 50 V"电压挡，然后将万用表的黑表笔搭在光耦光敏晶体管侧的③脚上，红表笔搭在光耦光敏晶体管侧的④脚上，检测输出端电压，如图 9-61 所示。正常情况下，万用表检测时指针应处于摆动状态，为变化的电压（0 ~ 24V）；若实测电压为恒定值，而输出端电压变化正常，则说明光耦损坏，应进行更换；若输出端也正常，则可进行下一步检测。

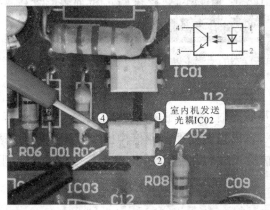

图 9-61 通信光耦输出端电压状态的检测

【要点说明】

在变频空调器开机状态，室内机与室外机进行数据通信，通信电路工作。此时，通信电路或处于室内机发送、室外机接收信号状态，或处于室外机发送、室内机接收信号状态，因此，对通信光耦进行检测时，应根据信号流程成对检测。

即室内机发送、室外机接收信号状态时，应检测室内机发送光耦、室外机接收光耦；

室外机发送、室内机接收信号状态时，应检测室外机发送光耦、室内机接收光耦。

若在某一状态下，光耦输入端有跳变电压，而输出端为恒定值，则多为光耦损坏。

【信息扩展】

在通信电路中，通信光耦好坏的判断方法相同，均可参照上述方法进行检测和判断。另外，也可以在断电状态下检测其引脚间阻值的方法进行判断，即根据其内部结构，分别检测二极管和光敏晶体管的正反向阻值，根据二极管和光敏晶体管的特性，判断通信光耦内部是否存在击穿短路或断路情况。

正常情况下，排除外围元器件影响（可将通信光耦拆卸）时，光耦内发光二极管正向应有一定的阻值，反向为无穷大；光敏晶体管的正反向阻值均应为无穷大。

4. 检测室内或室外微处理器通信信号端的电压状态

首先将万用表挡位调至"直流 10 V"电压挡，然后将万用表的黑表笔搭在室内机微处理器的接地端，红表笔搭在室内机微处理器的通信信号输出端引脚上，如图 9-62 所示。正常情况下，万用表检测时指针应处于摆动状态，为变化的电压（0 ~ 5 V），若实测电压为恒定值，说明室内机微处理器未输出指令信号，应更换室内机控制板。

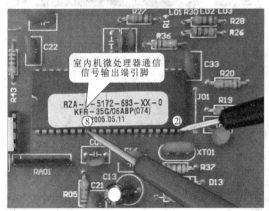

图 9-62 室内或室外微处理器通信信号端的电压状态的检测（以室内机微处理器输出为例）

【要点说明】

检测室内或室外微处理器通信信号端的电压状态时，需要注意当前通信电路所处的状态。例如，当室内机发送、室外机接收信号状态时，室内机微处理器通信输出端为跳变电压，表明其指令信号已输出；同时室外机微处理器通信输入端也为跳变电压，表明指令信号接收到，否则，说明通信异常。

9.5　新型空调器变频电路的故障检修

9.5.1　新型空调器变频电路的结构特点和电路分析

1. 新型空调器变频电路的结构特点

变频电路是应用变频技术的新型空调器（变频空调器）中特有的电路，其主要功能是在控制电路的控制下为变频压缩机提供驱动信号，用来调节压缩机的转速，实现变频空调器制冷剂的循环，完成热交换。

变频电路安装在室外机中，通过接线插件与变频压缩机相连，一般安装在变频压缩机的上面，由固定支架固定。图 9-63 所示为海信 KFR—35GW/06ABP 型变频空调器中变频电路的实物外形。

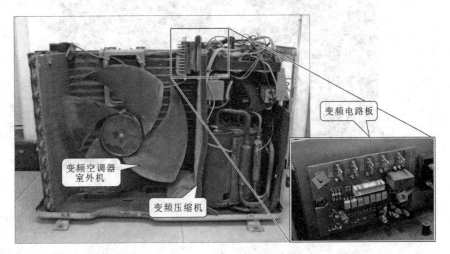

图 9-63　海信 KFR—35GW/06ABP 型变频空调器中变频电路的实物外形

【信息扩展】

随着变频技术的发展，应用于变频空调器中的变频电路也日益完善，很多新型变频空调器中的变频电路不仅具有智能功率模块的功能，而且还将一些外部电路集成到一起，如有些变频电路集成了电源电路，有些则将集成 CPU 控制模块，还有些则将室外机控制电路与变频电路制作在一起，称为模块控制电路一体化电路，如图 9-64 所示。

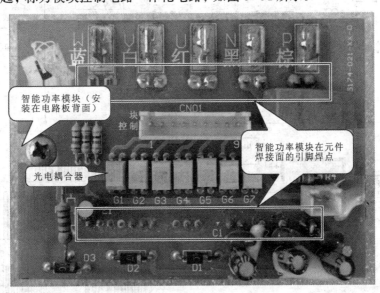

（a）

图 9-64　变频空调器中变频电路的其他几种结构形式

（b）

图9-64 变频空调器中变频电路的其他几种结构形式（续）

（a）只有功率模块功能的变频电路板（上文中介绍的变频电路）

（b）集成CPU控制电路的变频电路板（或模块）

2. 新型空调器变频电路的电路分析

图9-65所示为采用PWM脉宽调制的直流变频控制电路原理示意图。该类变频控制方式中，按照一定规律对脉冲列的脉冲宽度进行调制。整流电路输出的直流电压为功率模块供

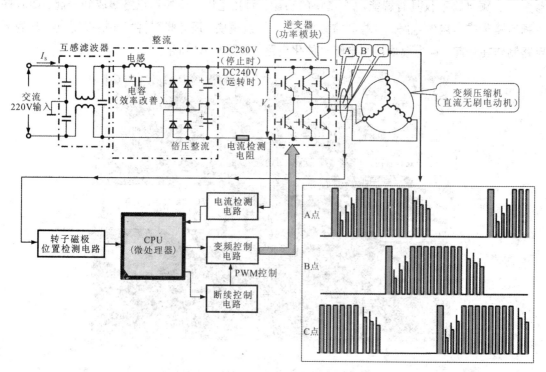

图9-65 采用PWM脉宽调制的直流变频控制电路原理示意图

电，功率模块受微处理器控制。变频空调器室外机中的微处理器对变频电路进行控制。

直流无刷电动机的定子上绕有电磁线圈，采用永久磁钢作为转子。直流电动机可由脉冲信号直接驱动。当施加在电动机上的电压或频率增高时，转速加快；当电压或频率降低时，转速下降。这种变频方式在空调器中得到广泛的应用。

图 9-66 所示为海信 KFR-35GW 型空调器的变频电路，可以看到该电路主要是由功率模块 STK621-601、光电耦合器 G1 ~ G7、插件 CN01 ~ CN03、CN06 等部分构成。

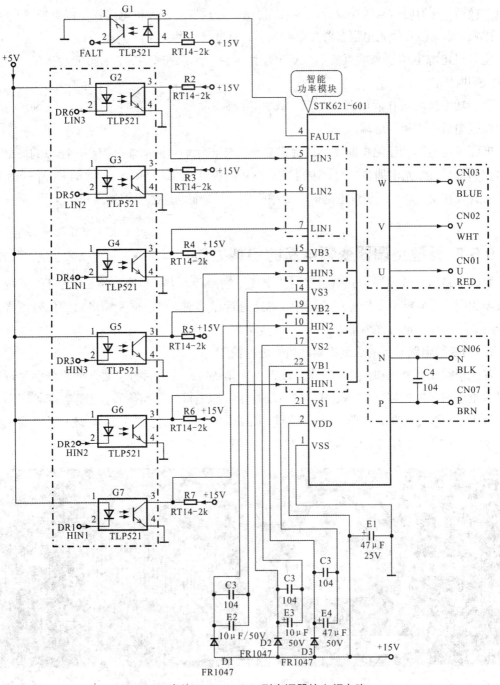

图 9-66 海信 KFR-35GW 型空调器的变频电路

电源供电电路输出的 +15 V 直流电压送入 STK621-601 的②脚，为其供电。

由室外机电源电路送来的 +15 V 供电电压，分别为光电耦合器 G1 ～ G7 进行供电。

由控制电路中的微处理器送来的 PWM 驱动信号，首先送入光电耦合器 G2 ～ G7 中。

光电耦合器 G2 ～ G7 送来的电信号，分别送入变频模块 STK621-601 的⑤脚、⑥脚、⑦脚、⑨脚、⑩脚和⑪脚上，驱动逆变器工作。

当逆变器内部的电流值过高时，由其④脚输出过流检测信号送入光电耦合器 G1 中，经光电转换后，变为电信号送往微处理器中，再由微处理器对室外机电路实施保护控制。

PWM 驱动信号经光电耦合器光电变换后，变为电信号。

室外机电源电路送来的直流 300 V 电压经插件 CN07 和 CN06，为智能功率模块内部的 IGBT 提供工作电压。

智能功率模块工作后由 U、V、W 端输出变频驱动信号，经插件 CN01 ～ CN03 分别加到变频压缩机的三相绕组端。

电源供电电路为压缩机驱动模块提供直流工作电压后，由室外机控制电路中的微处理器输出控制信号，经光电耦合器后，送到智能功率模块 STK621-601 中，经 STK621-601 内部电路的放大和变换，为压缩机电机提供变频驱动信号，驱动压缩机电机工作。

9.5.2 新型空调器变频电路的检修方法

变频电路出现故障经常会引起空调器出现不制冷／制热、制冷或制热效果差、室内机出现故障代码、压缩机不工作等现象，对该电路进行检修时，可依据变频电路的信号流程对可能产生故障的部位进行逐级排查。

1. 对变频电路输出的压缩机驱动信号进行检测

首先将空调器室外机通电，并将示波器的接地夹接地；然后将示波器探头分别靠近变频电路的驱动信号输出端（U、V、W 端）。观察变频压缩机的驱动信号波形，若变频压缩机驱动信号正常，则说明变频电路正常；若无输出或输出异常，则多为变频电路未工作或电路中存在故障，应进一步对其工作条件进行检测，如图 9-67 所示。

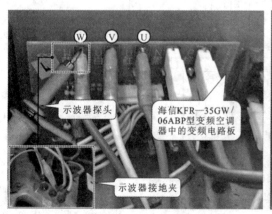
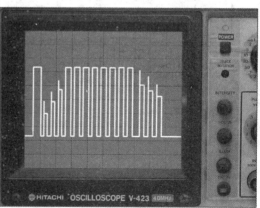

图 9-67 变频电路输出的压缩机驱动信号的检测

2. 对变频电路的供电电压进行检测

首先将万用表的量程旋钮调至"直流 500 V"电压挡，然后将万用表的黑表笔搭（+300 V 接地端）焊点处，红表笔搭在 P 端（+300 V 直流供电端）焊点处，如图 9-68 所示。正常情况下，万用表测得电压值在 270 ～ 300 V 之间；若测得供电电压不正常，则应对该变频空调器室外机电源电路进行检测。

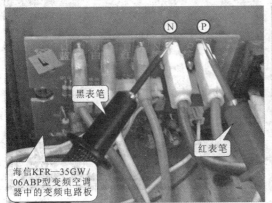

图 9-68　变频电路直流供电电压的检测

3. 对变频电路的控制电路送来的 PWM 驱动信号进行检测

在检测之前，首先要找准电路中的接地点并将示波器的接地夹良好接地，然后将空调器室外机通电，探头搭在变频电路的 PWM 信号输入端（光电耦合器②脚），如图 9-69 所示。正常情况下，应能够测得由控制电路送来的 PWM 驱动信号的信号波形，若无信号，则应检测室外机控制电路。若经上述检测，变频电路的供电电压正常、控制电路送来的 PWM 信号波形也正常，而变频电路无输出，则多为变频电路故障，应重点对光电耦合器和逆变器（功率模块）进行检测。

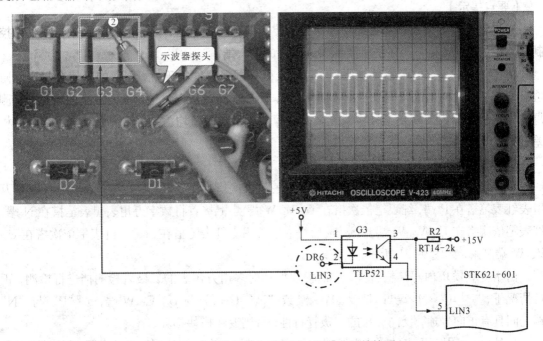

图 9-69　变频电路输入端 PWM 驱动信号的检测

4. 对变频电路中的光电耦合器进行检测

将万用表的黑表笔搭在光电耦合器的①脚,红表笔搭在光电耦合器的②脚,如图 9-70 所示。正常情况下,测得内部发光二极管的正向阻值为 22 kΩ。若实测为无穷大或阻值较小,则多为内部发光二极管损坏。

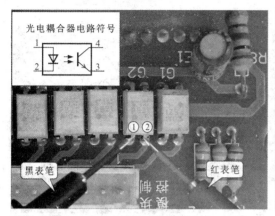

图 9-70 光电耦合器内部发光二极管正向阻值的检测

反之将万用表的红表笔搭在光电耦合器的①脚,黑表笔搭在光电耦合器的②脚。正常情况下,测得内部发光二极管的反向阻值为无穷大。

然后将万用表的黑表笔搭在光电耦合器的④脚,红表笔搭在光电耦合器的③脚。正常情况下,测得内部光敏晶体管的正向阻值为 10 kΩ。

最后将万用表的红表笔搭在光电耦合器的④脚,黑表笔搭在光电耦合器的③脚。正常情况下,测得内部光敏晶体管的反向阻值为 28 kΩ。

【要点提示】

光电耦合器是用于驱动智能功率模块的控制信号输入电路,损坏后会导致来自室外机控制电路中的 PWM 信号无法送至智能功率模块的输入端。

值得注意的是,由于在路检测时,可能会受外围元器件的干扰,测得的阻值会与实际阻值有所偏差,但内部的发光二极管和光敏晶体管基本满足正向导通,反向截止的特性;若测得的光电耦合器内部发光二极管或光敏晶体管的正反向阻值均为零、无穷大或与正常阻值相差过大,均说明光电耦合器已经损坏。

5. 对变频电路中的智能功率模块进行检测

首先将数字万用表黑表笔搭在 P 端,红表笔依次搭在 U、V、W 端测量;然后将数字万用表红表笔搭在 P 端,红表笔依次搭在 U、V、W 端测量;接着将数字万用表黑表笔搭在 N 端,红表笔依次搭在 U、V、W 端测量;最后将数字万用表红表笔搭在 N 端,红表笔依次搭在 U、V、W 端测量,如图 9-71 所示。

由于变频模块内部结构特性,判断模块好坏时多用万用表的二极管检测挡进行检测,正常情况下,"P"("+")端与 U、V、W 端,或"N"("+")与 U、V、W 端,或"P"与"N"端之间具有正向导通,反向截止的二极管特性,否则变频模块损坏。

另外,也可用万用表的交流电压挡,检测变频模块输出端驱动压缩机的电压。正常情况下,

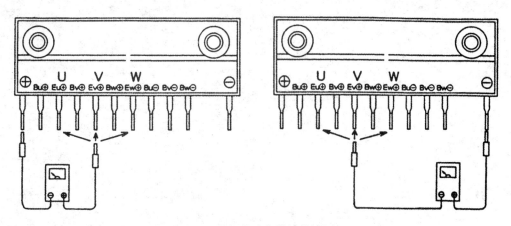

图 9-71　智能功率模块的检测

任意两相间的电压应在 0 ～ 160 V 之间并且相等，否则变频模块损坏。

【信息扩展】

除上述方法外，还可通过检测智能功率模块的对地阻值，来判断智能功率模块是否损坏，即将万用表黑表笔接地，红表笔依次检测智能功率模块 STK621-601 的各引脚，即检测引脚的正向对地阻值；接着对调表笔，红表笔接地，黑表笔依次检测智能功率模块 STK621-601 的各引脚，即检测引脚的反向对地阻值。

正常情况下，智能功率模块各引脚的对地阻值见表 9-4 所列，若测得智能功率模块的对地阻值与正常情况下测得阻值相差过大，则说明智能功率模块已经损坏。

表 9-4　智能功率模块各引脚对地阻值　　（万用表挡位为：×1kΩ）

引脚号	正向阻值	反向阻值	引脚号	正向阻值	反向阻值
①	0.0	0.0	⑮	11.5	∞
②	6.5	25.0	⑯	空脚	空脚
③	6.0	6.5	⑰	4.5	∞
④	9.5	65.0	⑱	空脚	空脚
⑤	10.0	28.0	⑲	11.0	∞
⑥	10.0	28.0	⑳	空脚	空脚
⑦	10.0	28.0	㉑	4.5	∞
⑧	空脚	空脚	㉒	11.0	∞
⑨	10.0	28.0	P 端	12.5	∞
⑩	10.0	28.0	N 端	0.0	0.0
⑪	10.0	28.0	U 端	4.5	∞
⑫	空脚	空脚	V 端	4.5	∞
⑬	空脚	空脚	W 端	4.5	∞
⑭	4.5	∞